高科技托举少年强国梦

中国空间站

王令朝◎编著

晨光出版社

图书在版编目（CIP）数据

中国空间站 / 王令朝编著. 一昆明：晨光出版社，
2024.3
（高科技托举少年强国梦）
ISBN 978-7-5715-1652-9

Ⅰ．①中… Ⅱ．①王… Ⅲ．①航天站－中国－少年读
物 Ⅳ．①V476.1-49

中国版本图书馆CIP数据核字(2022)第189915号

高科技托举少年强国梦
中国空间站 王令朝◎编著
ZHONGGUO KONGJIANZHAN

出 版 人	杨旭恒
策　　划	程舟行 朱凤娟
责任编辑	朱凤娟 李　昱
插　　画	吉春明
装帧设计	魏　宾
责任校对	杨小彤
责任印制	廖颖坤
出版发行	晨光出版社
地　　址	昆明市环城西路609号新闻出版大楼
邮　　编	650034
电　　话	0871-64186745（发行部）
排　　版	云南安书文化传播有限公司
印　　装	云南出版印刷集团有限责任公司国方分公司
经　　销	各地新华书店
版　　次	2024年3月第1版
印　　次	2024年3月第1次印刷
书　　号	ISBN 978-7-5715-1652-9
开　　本	170mm×240mm　16开
印　　张	8
字　　数	120千
定　　价	32.00元

晨光图书专营店：http://cgts.tmall.com

前言 QIANYAN

纵观人类发展的历史，科技创新始终是人类社会、经济发展的动力和源泉。科技是国家强盛之基，创新是民族进步之魂。科技创新是提高社会生产力和综合国力的战略支撑。目前，中国经济建设进入了一个全新的发展阶段，科技是促进经济发展的强劲动力，也是实现"两个一百年"奋斗目标的有力支撑。

当今，我国所处的国内外环境已发生了深刻复杂的变化，我国"十四五"时期以及更长时期的发展对加快科技创新提出了更为迫切的要求。也就是说，我国经济、社会发展和民生改善比过去任何时候都更需要科学技术层面的解决方案。我们必须走科技创新的新路子，在原始创新能力上实现更多"从0到1"的突破，这是当今科技工作者义不容辞的责任。

为了使青少年了解世界先进科学技术、我国科技战线取得的进步和成果、未来科学技术的发展趋势以及发扬我国科研团队和领军人物艰苦奋斗、坚持不懈的精神，我编著了"高科技托举少年强国梦"系列图书，借此引发青少年对科学技术的关注和兴趣，进而提高青少年的科学素养，同时为培养后备高端科技人才打下基础。

"高科技托举少年强国梦"丛书包括《"变脸"细胞》《中国空间站》《海洋里的"间谍鱼"》3个分册。每个分册均以图文并茂形式呈现，力求通俗易懂，达到科学性、趣味性和知识性的统一，让读者有兴趣读，并收获一份难得的课外阅读时光。

在《中国空间站》分册中，你可以看到我国取得的航空航天科技成果："十四五"中国航天再出发、嫦娥五号探测器、"无价之土"、中国航天员在"天宫"、核动力航天飞机啥模样、量子卫星的惊人"背景"、千姿百态的卫星、天问一号的来龙去脉、"北斗"卫星导航系统大显身手、中国空间站、中微子探索宇宙的奥秘……这些前沿科学知识将展现它们的"真面目"，为你打开一扇科技之窗。

本册旨在让青少年学习科学知识的同时，培养科学探索精神，提高运用科学思维独立解决问题的能力，助力于青少年的素质教育，青少年的想象力、创造力、责任感和合作精神的培养。

可以说，打开任何科学的钥匙都是一个问号，伟大的科学发明离不开多问几个"为什么"，生活的智慧也来源于逢事问个"为什么"。航空航天方面，你心中也许有许许多多个"为什么"，本分册可以让你找到不少想要的答案。

我真诚地祈愿，即使时光不断向前，这套"高科技托举少年强国梦"丛书也不会像时光那样匆匆划过，而是像一盏永不熄灭的心灵之灯，照亮每位读者朋友的科学之路、知识之路和奋斗之路。

最后，我由衷地感谢姜美琦、王晨逸、曹峻为丛书提供的帮助和支持。

王令朝
2024年3月

目录 MULU

"十四五"
中国航天再出发

有一天，林林在新闻节目中看到两条消息：2021年1月20日，天通一号03星在西昌卫星发射中心顺利升空，为2021年中国航天发射带来"开门红"；2021年2月15日，天问一号火星探测器成功实施捕获轨道远火点平面机动。

林林忍不住问妈妈："我国航天员在'十四五'期间是不是要上天啦？"

妈妈笑着说："'十四五'期间，我国最大的航天项目是推进载人空间站工程，有载人空间站、核心舱、载人飞船、货运飞船、通信卫星、遥感卫星等一系列发射任务。为了圆满完成如此密集的发射任务，科学家们从多个方面进行改进、升级。首先是人力资源方面的保障，让工作人员拥有'一人兼多岗'的业务能力；其次是发射流程优化保障，让发射过程进一步规范化和精细化，推行更多电子化操作，尽可能压缩每一次发射任务所耗费的时间，并通过新兴信息化技术手段，实现远程测试发射。例如，工作人员在北京就能对文昌发射场或酒泉发射场的火箭进行远程测试、数据判读以及数据确认；再次是生产和产品制造环节的保障，开展了一项名为'百发批产'的工作，也就是说，对火箭去除任务化、产品去除型号化，从传统的定制化生产模式转变为批量化的生产模式。这一系列措施，都为航天员上天做足了准备。"

　　林林迫不及待地问妈妈："如此说来，今后我国的航天技术及其科研能力是不是会有更大的提高呢？"

　　妈妈笑嘻嘻地摸着林林的头，说："你这个小家伙还蛮灵光的。专家告诉我们，从长征五号运载火箭首飞成功，到'嫦娥'系列飞船的圆满发射，再到天问一号火星探测器以及载人空间站建设的顺利实施，都得益于火箭运载能力的不断提高。在'十四五'期间，我国将持续推进新一代载人运载火箭和重型运载火箭的研制，采用更加先进的技术，进一步提高其负载能力，为更远距离的深空探测以及将来可能的月球基地建设等提供支持。除此之外，还将采用一种大直径的箭体结构，采用诸如铝锂合金等新型复合材料，使火箭的自身重量更轻。总之，一方面是提高精细化的设计水平，另一方面是加强多学科、多专业的融合设计，实现设计余量共享，减少整体设计余量，使火箭的运载能力得到进一步提升。"

　　林林接着问："那么，在'十四五'期间还有什么新的科技突破吗？"

爸爸连忙插话说："随着'风云'系列气象卫星队伍的进一步扩大，我国天气预报和气象灾害预警的能力都有进一步提高。我国已成功发射风云四号B星和风云三号E星2颗卫星，接着还会发射功能各异的5颗风云气象卫星，以便在高空中紧盯国土区域，进行高精度的气象监测，使得短期天气预报和区域天气预报更加有效、准确。除此之外，还要设计、研发、制造更多高性能的气象卫星。例如，一种用来监测台风和大暴雨的近地微波卫星，它可以借助新增的毫米波、亚毫米波探测仪，完成台风影响区域内温度和湿度的观测。又如，一种用于监测火灾、干旱、雾霾等各种气象自然灾害的卫星，可为事前采取预防措施提供可靠、有效和精确的依据。"

林林拉住爸爸的衣袖问："那么，今后我国还有什么重大的航天规划？"

爸爸告诉林林："据有关媒体报道，我国首个被称为'行云工程'的天基物联网星座是自主投资建设的重点项目。这种天基物联网又被称为'低轨道卫星通信系统'。简单来说，就是发射一批卫星上天，组成一个空中通信网络，并以此作为通信基站，就像地面的移动通信网一样，可以为地面用户提供物联网通信传输服务。它不会受天气、气候、地形等特殊因素的影响，即使在没有地面网络信号的情况下，依然能够实现全球范围内无障碍实时互联互通，还能广泛用于海洋、沙漠、高山等地面通信基站难以覆盖的无人区。届时，我国可以实现全球'万物互联互通'的宏伟目标。"

妈妈接过爸爸的话，说："专家指出，所谓高质量的航天科技，并不是盲目追求扩大规模，而是通过提高效率来实现更高层次的发展。对于航天科技，高质量发展含有三大层面的意义：一个层面是产品的设计水平及自主创新能力要不断提高，要开展诸如飞行故障诊断和容错重构等技术的应用，能实时感知推断出火箭可能出现的一些故障，从而及时对航天任务进行新的规划和控制的重构；另一个层面是火箭生产要进一步从传统的定制化向批量化方向发展，通过流水线生产，实现航天产业化、规模化的不断提升；再一个层面是科研水平和能力的进一步提高，例如在火箭设计中通过现代化信息手段的应用、一些自主可控软件的开发，以及多专业融合、多学科优化，提高航天工程师的设计水平和仿真预测的能力。"

林林听完爸爸妈妈的一席话，心中顿时亮堂了许多。他十分期待中国航天事业更上一层楼，能够站在世界之巅。

嫦娥五号探测器

2021年春节前夕，桃桃在电视节目中看到，来自中国航天科技集团第五研究院的4位航天总设计师，分别代表"探月""载人""北斗""探火"四大工程向全国人民拜年。尽管他们的话语十分简单、朴实，但足以震撼和打动全国人民及广大海外华侨华人的心，给这一传统喜庆的节日增添了浓浓的爱国之情。桃桃观看之后，内心激动不已，特别想知道我国太空探月的详细情况。

于是，桃桃迫不及待地去小姨家，告诉小姨自己心里的想法。小姨听罢，乐呵呵地对桃桃说："你问我就对了。2020年，'嫦娥五号'已经成功地返回了地球，并带回了约2000克重的月球表面样品。国家航天局副局长、探月工程副总指挥告诉大家，嫦娥五号任务创造了五项'中国首次'：一是完成了在地外天体表面的采样与封装；二是完成了在地外天体上的点火起飞、精准入轨；三是完成了月球轨道无人交会对接和样品转移；四是完成了携带月球表面样品并以接近第二宇宙速度再次返回地球；五是建立了我国月球表面样品的存储、分析和研究系统。"

小姨接着告诉桃桃："至此，中国探月工程已实施了从嫦娥一号到嫦娥五号的飞行探测，以及嫦娥五号执行的月球采样返回任务，并且全部取得圆满成功。嫦娥五号探测器系统总指挥、总设计师兴奋地告诉国人：'在未来，中国人必将能够探索更远的太空！'"

桃桃打断小姨说："那么，今后我国太空探月工程还有什么样的计划呢？"

小姨轻轻拉了拉桃桃的小辫子说："不要心急哦！听我慢慢说。

今后，我国会以嫦娥五号为起点，继续实施探月工程四期和行星探测工程。据有关部门披露，我国将按计划陆续发射嫦娥六号、七号、八号探测器，以及完成小行星探测、火星取样返回地球、木星探测等航天任务。载人航天工程副总设计师、神舟飞船系统总设计师告诉记者，未来的'神舟'飞船将为我国探索太空提供更强大的保障。"

此时，桃桃闪动着明亮的眼睛转向小姨父，小姨父哈哈大笑，对桃桃说："怎么，是不是又想向我讨教了？实际上，自从神舟一号无人实验飞船从酒泉卫星发射中心升空，并顺利返回地球以后，我国已发射了多艘'神舟'飞船护送航天员遨游太空，任务全部圆满完成。其中，鲜为人知的是，这个中国载人航天工程的开路先锋，居然是由地面试验用的飞船临时改装而成的，不过'神舟'飞船从设计之初，就站在了更高起点上，相比苏联、美国早期载人飞船的两舱设计，

'神舟'飞船采用轨道舱、返回舱、推进舱组成的三舱设计，增加的轨道舱是航天员在太空里生活和工作的地方，返回地球之前先将其分离，这样可以减小座舱的尺寸。"

小姨父继续说："随着中国载人航天工程进入空间站建设阶段，'神舟'飞船也迎来了新的任务，神舟十二号至神舟十七号飞船已先后执行载人航天飞行任务。今后，还会有更多的'神舟'系列飞船参与我国的太空探测任务。"

小姨对桃桃说："我来告诉你吧，'北斗'卫星导航系统工程副总设计师、北斗三号卫星首席总设计师对媒体记者介绍：北斗三号卫星已实现全球组网，其所有核心器件的国产化率达到100%。这意味着中国'北斗'卫星导航系统已经正式登上了世界舞台，站在了人类命运共同体的'第一梯队'。与此同时，天问一号火星探测器、天问二号火星探测器也先后成功地被火星捕获，成为我国第一颗、第二颗人造火星卫星，目前已经实现'绕、着、巡'的三大目标，实现了中国在深空探测领域的技术跨越，从而进入世界先进行列。"

桃桃听了以后，心想：我国的太空探索已经取得了那么大的成就，真让人高兴。她十分盼望小姨和小姨父到家里做客，听他们讲精彩的航天科技的故事。

"无价之土"

自从嫦娥五号探测器成功地从月球带回月壤之后，波波总是想不明白：月壤为何被科学家们视为"无价之土"？它究竟和地球上的土壤有什么不同？月壤里面究竟隐藏着什么秘密？它对我国科学家研究和探索月球又有什么样的贡献呢？一连串的疑问始终萦绕在波波的脑海里……

平时，爸爸妈妈工作特别忙，波波总是找不到机会向爸爸妈妈请教。有一天，爸爸妈妈的工作单位航天研究所要举办一场嫦娥五号探测器的报告会，在波波的一番死缠烂打下，爸爸妈妈终于答应带他去听报告。

在报告会上，探月工程的科学家们轮番介绍嫦娥五号探测器的科研成果。当科学家介绍月壤时，波波更是打起十二分精神，竖起耳朵仔细聆听。科学家指出，这次嫦娥五号返回器带回地球的月球表面样品主要是月壤，也就是说它是覆盖在月球表面的土壤，包含有微细的矿物颗粒、岩石碎屑和玻璃质微粒等物质。月壤里含有天然的铁、镁、铝、钙、钠、钾等，不含有任何一丁点儿的有机养分，而且非常干燥。

科学家又指出，人们想要进一步深入认识月球，除了使用远距离

遥感遥测技术之外，最重要的手段就是要拿到月球样品，进行精细的研究、分析。根据国家航天局制定的《月球样品管理办法》，月球表面样品有永久存储、备份永久存储、研究和公益4种基础用途。这次嫦娥五号采集回来的月球表面样品，已经储存在中国科学院国家天文台的月球样品实验室里，科学家们正在紧锣密鼓地进行研究，以便获得详细的数据资料，为进一步探测和开发月球做充分准备。

在报告会上，中国科学院国家天文台研究员、探月工程三期副总设计师进一步介绍，为避免月壤受氧气和水分的侵蚀，实验室出入有严格的清洁程序，并用氮气填充月壤的存储环境。这个实验室主要负责月球表面样品月壤的处理、存储和分析研究，包括月壤的基本物理特性、化学成分、矿物成分，尤其是一些消耗性的、需要大量样本的实验和分析工作，取得的数据将对外开放、共享。目前，已完成了部分样品的分类、样品分样、部分物性测量和矿物化学分析等研究工作。

报告会结束后，波波在回家途中问爸爸："月壤到底是用什么样的器皿来保存的呢？普通老百姓能不能近距离观看呢？"

爸爸回答道："如今，嫦娥五号带回的月壤已经在人民大会堂公开亮相。这份月壤是在月球正面最大的月海风暴洋北缘的吕姆克山附近采集的，据说它是最年轻的火山岩形成的月壤。参观者可以从一个造型别致的容器看到月壤的真面目，该容器是由人造水晶材质制成，借鉴了国家博物馆收藏的系列青铜尊造型。容器的外部造型高38.44厘米，象征地球与月亮间的平均间距384400千米；宽22.89厘米，象征嫦娥五号自发射到返回的时长22.89天。科学家用时空展现中国

探月工程的领先地位。而容器的内部造型则由地球、中国地图、月球等组成。月壤储存在中心部位的空心夹层球体之中，呈现形似月球的造型特征。下部的地球造型磨砂透光，上部的中国地图透光突出，象征华夏大地对月亮的长久情意。容器内的地球与月球相隔9.9厘米，取意'天有九霄'，寓意中国探月突破极限，跨越'九重天'。"

波波又问爸爸："那么，月壤到底长什么样呢？"

爸爸告诉波波："月壤的表面形态主要是由撞击作用塑造的：大块的基岩在小天体的撞击之下被不断打碎、混合、翻动，最终在月球表面形成细腻的沙土层。它看起来像一层细细的水泥，厚度从几米到十几米不等，主要由橄榄石、辉石、钛铁矿、斜长石等矿物和胶结质玻璃组成。月壤之所以呈现橙色，是由月球早期火山过程中产生的微小橙色玻璃珠造成的。"

波波连忙问爸爸："那么，人们在月球上能种粮食、蔬菜吗？"

爸爸乐呵呵地说："科学家已经知道月壤里不含任何有机养分，而且非常干燥，所以是不能种粮食、蔬菜的。科学界普遍认为，月球是在距今45亿年前形成的，而在距今30亿年前，其内部能量就已消失，火山停止爆发。然而，科学家们发现，在距今10亿年前，月球某些区域仍可能存在火山熔岩。至于月球究竟是何时失去生命的，嫦娥

五号此次采回的月壤中或许藏着答案。科学家可以利用各类专用仪器设备,对月壤进行更深入的研究,测算其结晶年龄,进而对月球的起源和演化过程做出更精准的判断。这些判断很可能会更新人们对月球的一些认识。80%左右的月壤样品将用于科学研究,20%将用于永久存储。科学家们指出,这样做是为了保证以后有更先进的科学研究方法和条件时,仍有月壤样品可用。

　　波波听完爸爸的一番话,不由得慨叹万千,嫦娥五号探测器带回的月壤居然蕴藏着如此深奥的"密码"和科学知识!波波立志:长大后也要当一名探月的科技工作者。

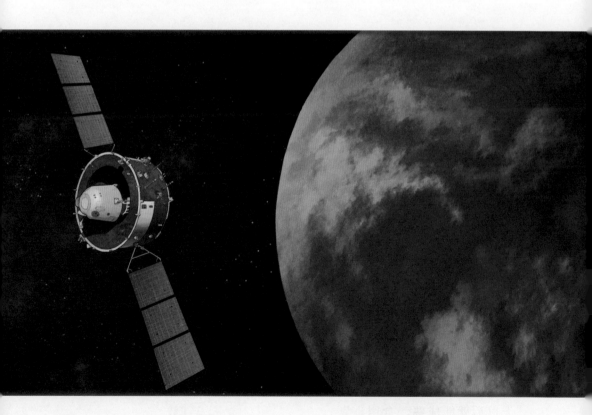

中国航天员在"天宫"

聪聪平时对航天科技十分感兴趣，课余时间他参加了青少年航天兴趣班，经常和小伙伴们讨论各种各样的有关航天的话题。有一天，大家想到这样一些问题：航天员在狭小的太空舱里是如何进行科学实验的，又是怎样生活的？可是大家面面相觑，谁也回答不上来。

于是，聪聪拉着小伙伴们去找指导老师求解。指导老师听了聪聪的一番讲述之后，笑盈盈地告诉大家："不只你们有这种想法，大多数人都会好奇——航天员远离地球，在浩瀚的太空里，居住在太空舱究竟是如何生活的，又是如何进行科学实验的。实际上，航天员们在月球上的生活的确与地球上的生活不同。"

指导老师告诉他们："航天员乘坐太空飞船飞离地球时，除了科学仪器、仪表等必不可少的装备之外，是不太可能携带过多的生活用品和食物的，所以航天员就要自己动手在太空舱里种植蔬菜之类的食物。据有关媒体报道，在太空种植计划中，航天员首次尝试了栽培6株莴苣，并用粉红LED灯光来代替太阳光，给莴苣提供用于光合作用的光源。莴苣在太空环境中的生长周期一般很短，一旦种植下去，28天以后就能成熟、食用。"

聪聪接着问指导老师："在太空舱里种植蔬菜有什么样的好

处呢？"

　　指导老师回答道："这个问题提得好。航天员在太空舱里种植蔬菜，一方面可以很好地解决未来长时间太空旅行中新鲜食物供给的问题，另一方面能起到降低成本的作用。因为每运送1000克食物到空间站，就要花费近11万8千元。它还可以改善航天员的饮食。运送的主要是一些高热量并能长期存放的食物，新鲜食物尤其是蔬菜、水果非常有限，它们很快会被'可怜'的航天员们一扫而光。"

　　聪聪又问："那么，在太空舱里种植蔬菜肯定不容易吧？"

　　指导老师告诉聪聪："当然喽！目前仍存在一些尚待解决的问题，比如说食物在生长过程中可能会被污染。第一批种植的莴苣在被航天员吃掉之前，要接受严格而全面的'检查'。航天员的安全和健康是第一位的。以往种植蔬菜都是出于科研的需要，而不是供航天员食用。"

聪聪又好奇地问指导老师："航天员在太空舱里会不会失眠呢？"

指导老师呵呵一笑，说："通常，航天员在飞行器升空期间，以及在轨飞行期间，都会面临比较严重的睡眠不足问题，很多航天员都要接受睡眠治疗。美国哈佛医学院布莱根妇女医院睡眠和生理节奏失调分部和科罗拉多大学的研究者们记录了64位航天员在地球上4000个夜晚的睡眠状况和他们在80次太空飞行中4200个夜晚的睡眠状况。这项研究历时10年，是人类开始太空飞行以来最大的一项有关睡眠的研究。按照美国国家航空航天局的计划，在太空飞行期间，航天员每晚有8.5个小时的睡眠时间，但实际上平均睡眠时间只有不到6个小时；在国际空间站执行任务时，实际平均睡眠时间也只有6个小时多一点。在执行航天飞机飞行任务时，只有12%的航天员睡眠超过了7小时；在执行国际空间站任务时，只有24%的航天员睡眠时间超过7小时。而大多数航天员在执行完这两类任务回家后，一次睡眠超过7小时的比例分别为42%和50%。这项研究得出的结论是，必须采取更有效的措施来改善航天员在太空的睡眠状况，以便使他们的人体机能发挥到最佳水平。与此同时，研究结果还表明，航天员在飞船发射前就开始出现睡眠不足的问题。他们在发射前三个月的培训期间，每天晚上的平均睡眠时间不到6.5个小时。"

聪聪又问指导老师："那么，航天员睡眠不足的问题，科学家又是怎么去解决的呢？"

指导老师告诉聪聪："科学家指出，航天员在太空飞行期间会使用帮助睡眠的药物。大约四分之三的国际空间站航天员在空间站工作时会使用助眠药物。将来，人类要去探索月球、火星，甚至更远的星球，必须找到更有效的方法来改善航天员在太空期间的睡眠问题。科学家也找到了一些有效方法，其中包括调整工作时间表、让航天员接受特定波长的光波照射、采取特定的行为来保证充分睡眠等。这对航天员的健康、工作效率和安全都是非常重要的。"

聪聪听完指导老师的话，不由得心想：要成为一名合格的太空航天员真是十分不容易，需要克服各种各样的困难，不仅体质要符合航天员的条件，而且在心理素质上也要达到很高的水平，以适应与地球极为不同的太空生活环境。事实证明，在航天员前辈们的带领下，我国一代代航天员都是好样的，出色地完成了各项太空探测任务。作为一个中国人，聪聪感到很自豪！

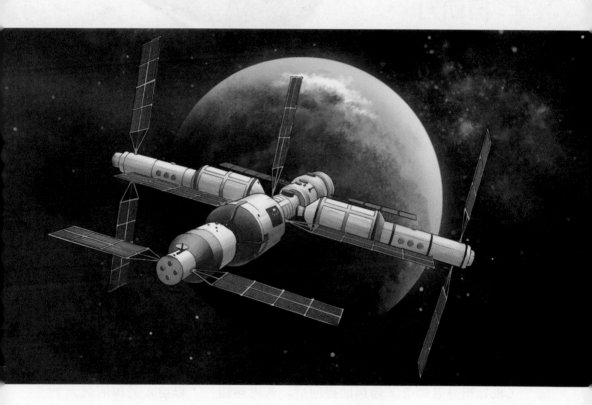

核动力
航天飞机啥模样

　　翔翔参加了青少年航天兴趣班。在老师的指导下，他和同学们一起制作了好几架飞机模型，既有无动力的弹射飞机模型，又有遥控式有动力的飞机模型，增强了自己的动手能力，学到了许多航空航天知识……有一天晚上，翔翔在电视节目中看到一条振奋人心的消息：中国航天科技集团有限公司发出豪言壮语，要在2040年之前，开发出核动力航天飞机，与此同时还计划开发低成本且可重复使用的火箭、重型运载火箭、太空旅游等。

　　第二天，翔翔到学校向老师求教，我国为什么要建造核动力航天飞机？指导老师听了翔翔的提问后，告诉翔翔："以前，美国的航天飞机在天地间来回穿梭，这激起了中国科学家的航天梦。然而，当时国家的经济实力和科技水平都还很弱。可是现在，一切都变了，美国的所有航天飞机早已在几年前全部退役，国际空间站也预计将在2024年被放弃。中国已经在2022年建成了空间站，它有望在2024年后成为世界上唯一的空间载人飞行器，成为国际空间探索的领潮者。核动力航天飞机一旦研制成功，将成为中国航天向更远深空进军的最可行的方式。如果计划实现，那么，使用核动力航天飞机到达火星也许只需要70天的时间，而到达月球可能仅需短短的4个小时。"

翔翔迫不及待地问老师："那么，核动力航天飞机是怎么飞向太空的呢？"

老师回答道："中国航天科技集团有限公司预计在2030年前首飞长征九号重型运载火箭。长征九号近地轨道运载能力达140吨以上，地月转移轨道运载能力约50吨，可满足未来载人登月、空间基础设施建设和深空探测的需求。若首飞成功，它有望成为全世界运载能力最强的火箭。所有'长征'系列火箭，在2035年之前将从只能一次使用转变成可以重复使用。除此之外，中国航天科技集团有限公司还将在2040年左右拥有全新的火箭发射活动装置，以便实现火箭多次往返星际的目标，并通过打造太空太阳能站等大型项目，开发太空资源。"

翔翔接着问老师："那么，核动力航天飞机万一发射失败并爆炸，会有什么不良的后果？"

老师说："这是一个严肃的话题。核动力航天飞机爆炸对地球和人类的影响，主要取决于爆炸时航天器的位置以及爆炸强度。航天专家认为，可以从不同的角度来分析这个问题。首先，深空探测器上的放射性同位素发生器是不能提供足够的能量将航天器发射到火星的，而核聚变反应堆技术目前还不够成熟。人们在这里讨论的是真正的核裂变反应堆；其次，如果航天器坠毁，而反应堆没有爆炸（也许是航天器的其他部位故障导致它落回地面），那么就可能没有危险，实际上，美国国家航空航天局已经制造了许多具有放射源的探测器，在极少数的情况下——坠毁，这些放射性物质都能安全地落回地球；再次，如果是由于反应堆发生熔解并导致坠毁，反应堆的安全壳破裂了，那么放射性物质将会飘荡在大气中。不过，航天器上的反应堆容积一般没有核电站那么大，而放射性辐射分布很广，所以它也不可能发生大的灾难。"

老师继续说："原子弹爆炸可以通过电磁脉冲对地面电子设备造成损害，它还会将带电粒子释放到地球的磁场中，带电粒子被地球的磁场捕获，将对卫星造成损伤。另外，在某些时候，爆炸产生的闪光对眼睛也不利。如果反应堆是在太空中爆炸的，那对地球的影响则是微不足道的。反应堆爆炸主要产生X射线和伽马射线，它们会被大气层吸收。实际上，太阳辐射中就包含了X射线，而来自宇宙的伽马射线也分布在辐射大气层。专家认为，虽然爆炸产生的这两种射线强度会比正常情况下大，但影响是有限的。"

翔翔又问老师："那么，航天飞机为什么一定要使用核动力呢？"

老师笑着说："尽管核能在某种情况下是有危险的，但是它仍在科学家可控的范围之内。因为核动力能够在不需要巨大太阳能电池板的情况下提供高效能量，它甚至能使航天飞机在太阳光无法覆盖的外太空工作，更何况现代科学技术在确保核能安全方面已经取得了很多

成就，所以，航天飞机使用核动力是最合适的。"

翔翔心想：原来核动力航天飞机有那么重要的作用！

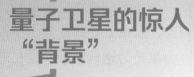

量子卫星的惊人"背景"

有一天，洋洋在客厅里听到爸爸妈妈正在聊有关量子的事情，实在听不懂，也不理解量子究竟是什么东西，于是凑近妈妈问："你们在说什么啊？我怎么一点儿也听不懂呢！"妈妈听了哈哈大笑，摸了摸洋洋的头说："傻孩子，这是前沿尖端科学。量子科学等前沿尖端科学已打破人类以往的认知，影响着人们的世界观。"

洋洋听了大吃一惊，瞪大眼睛看着妈妈说："量子科学真的有这么厉害吗？您能不能给我说说啊？"

妈妈乐呵呵地对洋洋说："量子与其他基本粒子并不相同，它只是一种'存在状态'，而不是真实存在的粒子。21世纪科学家发现的前沿科学成果有3个，分别是暗物质、暗能量和量子纠缠。先来说说科学家是怎样发现暗物质的吧。人们原来认识的宇宙形态是：星球与星球之间通过万有引力相互吸引，你绕我转，我绕他转，忙乱而有序。但是后来，科学家在计算星球与星球之间引力时发现，星球自身的这点引力，远远不能够维持一个个完整的星系，如果星系、星球间仅仅只有现有质量之间引力支持的话，宇宙会是一盘散沙。科学家认为宇宙之所以能维持现有的秩序，可能是因为还有其他物质，而这种物质是不发光物质，所以科学家称为'暗物质'。它包括不发光天体及某些非重子中性粒子等。”

妈妈喝了几口茶水，歇了歇，继续说："科学家通过计算得出结论，想要保持现在宇宙的运行秩序，暗物质的质量必须是现在人们所能看到的物质质量的5倍。尽管目前科学家还没有真正观测到暗物质，但是他们已经发现，当光线经过某一处的时候就会发生偏转，这应该是受到暗物质影响的结果。与此同时，科学家观测发现，宇宙不仅在不断地膨胀，而且还在加速膨胀。如果是匀速地膨胀，这在理论上是可以理解的，然而如果发生加速膨胀，那么就需要有新的能量加入才行。科学家还没有找到，就先把这种新能量取名为'暗能量'。然而，科学家用质能转换方程式 $E = mc^2$ 进行计算，想要维持当前宇宙的膨胀速度，暗能量应该是现有物质和暗物质质量总和的一倍多。"

妈妈又告诉洋洋："现代科学发现，对物质的研究，在进入分子、原子、量子等微观级别之后，意外非常多，例如出现了超导体、纳米级、石墨烯等革命性的材料。然而，最神奇的还数量子纠缠。科学家发现，两个没有任何关系的量子，在不同位置会有完全相同的表现。例如，相隔若干光年的两个量子之间并没有任何常规联系，但一旦一个量子出现状态变化，另一个量子几乎在相同时间出现相同的状态变化，而且它们并不是一个巧合的事件。如今科学家已经实现了6～8个离子的纠缠态，我国科学家更是实现了13千米级别的量子纠缠态的拆分和发送。"

妈妈继续说："科学家认为量子纠缠现象，一是修正了人类的哲学观。原来人们认为世界是物质的，人们的意识只是和物质相对立的另一种存在而已。然而现在人们却发现，人们所认知的物质仅仅是这个宇宙的5%。没有任何联系的两个量子，可以发生纠缠。如果把意识放到分子和量子态中去分析，意识其实也是一种物质。二是它改变了人们的物理认知。现在所有的物理学理论都是以光速不可超越为基础的，然而，根据科学家测定，量子纠缠的传导速度至少4倍于光速。也就是说，当人们看到十亿光年以外的星星时，映入人们眼帘的那束星光已经在茫茫宇宙间飞奔了十亿年，人们现在看到的仅仅是它十亿

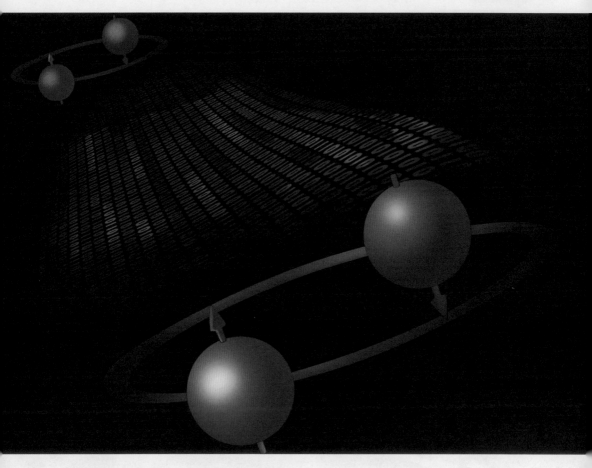

年之前的样子，而现在的它究竟变成啥模样，人们只有再等待十亿年才能看到……"

洋洋又问妈妈："也就是说，量子纠缠修正了人们的思想？"

妈妈点点头，说："科学家指出，量子纠缠是一次高速旅行，每次按照10的乘方增加，直至巨观世界的无尽。如果人们朝相反的微观世界看，也以10的乘方减少，直至一个神奇的微观世界，就会发现，人类还有很多东西是需要学习的。依据目前的科学水平，'向上'到了10的23次方的距离后就停下来了，'往下'人们只能到10的16次方的距离，那么，谁敢说科学已经能破解所有宇宙和生命的奥秘了呢？也许，今天的科学只是认知世界的初级阶段，只比几百年前科学证实地球是圆的、是绕着太阳转的阶段进步了一点点而已。所以说，量子纠缠理论改变了人类的认知。科技发展到今天，人看到的世界，仅仅是整个世界的冰山一角。1000年前，人类不知道有电场、磁场，不认识元素，以为天圆地方，而现在人们未知的东西仍还有很多，而且多到难以想象。"

洋洋听完之后，不由得感叹宇宙真奇妙，不说不知道，一说吓一跳。暗物质、暗能量和量子纠缠如此神秘，如此深不可测，人们要彻底了解宇宙还有很长的路要走。

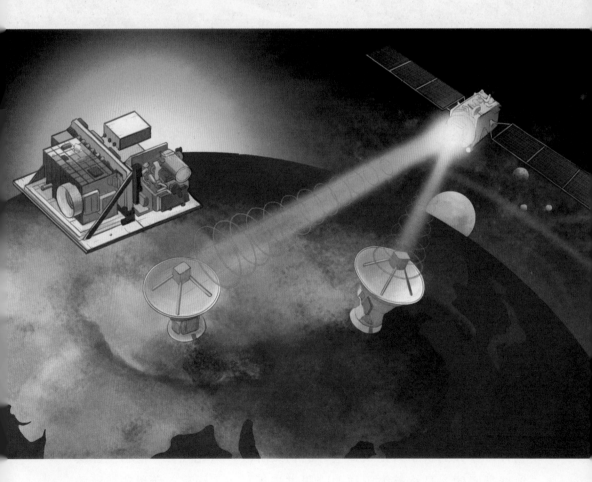

千姿百态的卫星

暑假的一天，晨晨去市中心图书馆看课外书。在阅览室，他无意中看到一本关于卫星的图书，书里的插图吸引了他的目光。书里展示了千姿百态的卫星，既有球形的、罐头形的，还有煤气罐形的、哑铃形的，甚至还有像纺锤、风车那样的，除此之外，有的卫星还拖着长长的尾巴，或者长着像鸟儿那样的一对翅膀……晨晨不免在心中产生疑惑，卫星为什么有这么多奇怪的形状呢？

当天晚上，晨晨把这个疑惑告诉了妈妈，妈妈听后便对晨晨说："这是因为设计师需要根据卫星的用途、容积、研制目的、动力等条件来设计卫星的形状。几何学上讲，同样表面积的物体做成球形时，容积是最大的。专家告诉我们，由于初期的运载火箭推力有限，如果把卫星制成球形，就可以更有效地利用它的容积，安装更多的仪器。而卫星为什么要制成诸如圆柱、棱柱、煤气罐等形状呢？这是因为这样的形状可以保持卫星的稳定性。有的卫星为何有一对翅膀呢？大家都知道，人要吃饭才能学习和工作，卫星里的仪器也要有电力才能工作。大多数卫星是利用太阳能转化而来的电能工作的。所以，除了卫星外面要'身披铠甲'之外，还要给卫星装上像鸟儿那样的一对翅膀，在上面敷设硅片制成的太阳能电池片。卫星拖着的长长的尾巴就

是无线电天线，是用来接收和发送无线电信号的，它可以与地球保持联络。卫星这么一打扮，真像一个在宇宙里飞行的'怪物'。"

晨晨接着问妈妈："那么，卫星里面又是什么样的呢？"

妈妈笑盈盈地对晨晨说："尽管卫星的外形千差万别，但它们的内部结构基本上都差不多。通常情况下，它包括以下几个部分：轻型合金的坚硬内壁、科学研究用的仪器、灵敏的自动控制系统和电源装置等。卫星依靠这些'五脏六腑'就可以在预定的轨道上飞行，完成各种各样的任务。举个例子，2018年9月7日在太原卫星发射中心，由长征二号丙火箭成功发射的海洋一号C卫星，它是海洋一号系列的第3颗卫星，开启了中国自然资源卫星陆海统筹发展的新时代。海洋一号C卫星的内部配置了海洋水色水温扫描仪、海岸带成像仪、紫外成像仪、星上定标光谱仪、船舶自动识别系统五大装备，与海洋一号A卫星和B卫星相比，其观测精度、观测范围都有大幅提升。海洋一号C卫星与2020年成功发射的海洋一号D卫星组成中国首个海洋民用业务卫星系统，它可以大幅提高海洋光学遥感卫星的全球覆盖能力，为全球大洋水色水温环境业务化监测、海洋防灾减灾、海洋资源可持续利用、海洋生态预警与环境保护以及气象、农业、水利等部门提供数据服务，深受我国广大渔民欢迎。"

晨晨瞪大眼睛问妈妈："那么，海洋民用业务卫星系统具体能提供哪些服务呢？"

妈妈笑嘻嘻地说："你这个小家伙问题还挺多的。还是举个例子来说吧，南沙群岛位于南海南部海域，属于我国海南省三沙市的南沙区，区内岛礁星罗棋布、千姿百态，让人们不由得赞叹大自然的鬼斧神工。它的全景可以通过海洋一号C卫星搭载的海岸带成像仪以及高分二号全色多光谱相机的慧眼获得。全色多光谱相机详细记录了区内岛礁的全部形态：第一种是环礁，它是南沙群岛中数量最多的岛礁，呈圆形、椭圆形或马蹄形分布，中间有封闭或半封闭的潟湖。环礁水深较浅，最适合海洋卫星观测。通过影像，人们可以清晰地获得环礁的地貌特征，观察它的发育过程。例如，位于南沙群岛西北部的九章群礁，它属于大型开放型干出环礁，礁环上发育有两座珊瑚岛：景宏岛和染青沙洲；又如，位于南沙群岛中北部的郑和群礁，是拥有珊瑚岛较多的一个环礁，礁环有三座珊瑚岛：太平岛、鸿庥岛和敦谦沙洲；再如，位于南沙群岛东北部的南方浅滩，属于大型开放型沉没环礁。第二种是台礁，面积较小，礁顶没有潟湖，按照水深又可分为珊瑚岛台礁、低潮高地台礁和沉没台礁。例如，位于南沙群岛中北部的西月岛，它属于独立发育的小型珊瑚岛台礁；又如，位于南沙群岛中南部的南通礁，它属于独立发育的小型低潮高地台礁；再如，位于南沙群岛东北部的勇士滩，它属于独立发育的中型沉没台礁。第三种是塔礁，它是发育在大陆坡海台边坡上、海谷或海槽边坡上的珊瑚礁体，它的竖向生长赶不上基底的沉降或海平面的上升，礁顶位于海面以下，形成暗礁或暗沙。例如，位于南沙群岛东北部的火星礁，就属于独立发育的小型塔礁。由此可见，海洋民用业务卫星系统的作用是非常大的。"

晨晨听完妈妈的一番话，不仅学到了许多千姿百态的卫星知识，而且对我国南海群岛的地形地貌也有了详细的了解。他心里万分兴奋和激动，相信祖国强大的卫星技术一定能帮助人们安居乐业。

太阳探测器

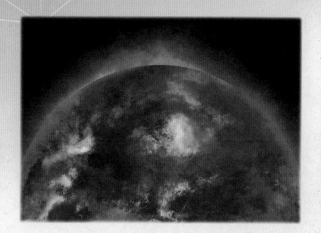

  可可是个天文爱好者，空闲时间就喜欢搜集各种各样的天文知识。有一次，可可上网搜索时看到一条信息：2018年8月，美国国家航空航天局向太空发射了一个有史以来飞得最快的航天器——太阳探测器"帕克"，这个太阳探测器将开启人类历史上首次"触摸"太阳的逐日之旅。可可心想，太阳表面温度如此之高，什么样的探测器才能胜任这个艰巨的任务呢？

  可可带着这个疑问找到了舅舅，把自己的想法告诉了他。舅舅听罢，告诉可可："美国国家航空航天局耗巨资打造的无人探测器'帕克'，用德尔塔4重型运载火箭送入太空，抵达近日点，并传回太阳日冕层、太阳风等相关数据。'帕克'将环绕太阳飞行，并在金星引力的帮助下调整轨道，逐渐逼近太阳，成为有史以来最靠近太阳的航天器。有趣的是，它的名字之所以叫'帕克'，是因为美国科学家尤金·帕克预测了太阳风的存在。"

  可可迫不及待地问舅舅："那么，'帕克'太阳探测器是怎样接近太阳的呢？"

  舅舅回答道："'帕克'太阳探测器发射后，不是直接飞向太阳，而是驶向金星，以便通过金星引力作用来改变探测器的飞行速

度和方向，借此逐渐缩短围绕太阳旋转的轨道半径。'帕克'太阳探测器每次飞越金星，都会利用金星的引力使探测器的飞行速度变得更小。也就是说，科学家预先设计利用金星引力对其减速，使它最后以一定的速度围绕太阳飞行，并达到平衡，以防止探测器受到太阳巨大引力的影响，一头栽进太阳。科学家指出，每一次通过金星时，其引力作用还能轻微改变探测器轨道形状，让飞行路线变得弯曲，从而使'帕克'飞行轨道逐渐靠近太阳的大气层。'帕克'最接近太阳时，它的飞行速度仍很高。"

可可接着问舅舅："那么，'帕克'到达预定目的地之后，它会做些什么呢？"

舅舅说："'帕克'太阳探测器将在高温和强辐射流的环境下，直接对太阳日冕进行观测。众所周知，太阳是由核心区、辐射层、对流层和太阳光球、太阳色球、太阳日冕构成。其中，日冕能够向外抛出带电离子，引发太阳风，从而干扰地球无线电通信的正常工作。'帕克'太阳探测器能够让人类近距离测量太阳外层空间的电场和磁场，研究日冕物质抛射的物理机制，从而更准确地预测太阳风暴对人类生活造成的影响。"

可可问舅舅："那么，'帕克'太阳探测器靠什么来承受太阳高温？"

舅舅推了一下眼镜，回答道："'帕克'太阳探测器外面有一个防热罩，内部有一个冷却系统。它像一块三明治那样，两块碳纤维合成板夹着轻型碳泡沫芯子，可承受高温，可保障所有仪器的安全。具有遮阳伞功能的防热罩装在'帕克'的顶部，并采用三轴稳定方式，以确保防热罩始终朝向太阳。在防热罩表面喷有一种特制的白色涂层，以尽可能地反射太阳的热量。探测器内的检测装置可一直处于防热罩的阴影中，温度保持在29℃左右。在防热罩阴影的边缘部分还安装有传感器，一旦有传感器感知到阳光，它就会提醒中央电脑控制中心，'帕克'随即会调整方位。除此之外，科学家在探测器内还加装了由太阳能电池驱动的冷却泵等装置，可像空调一样给仪器降温，让仪器设施能够稳定在类似室温的温度范围，以保证其正常工作。另

外，其两个太阳能电池翼也装有冷却系统，由热管、散热器和高压去
离子水等组成。热管可把被加热的去离子水导入散热器，用来冷却太
阳能电池翼。奇妙的是，太阳能电池翼还可自动收缩或伸展，当阳光
过于强烈时，电池翼能收缩到防热罩之内，仅留一小部分暴露在阳光
下，以获得持久的电力供应。"

　　可可听完舅舅的一席话，心想：如今的科技如此先进、发达，居
然可以探测熊熊燃烧的太阳，将来，真的不知道人类在探索宇宙方面
还会有怎样的惊人成就，真令人期待！

移民太空的 "先遣队"

自古以来，中国民间就流传着许多神话故事，最让人津津乐道的是生活在月亮上的嫦娥、玉兔……后来，科学家提出了建立太空城的宏伟设想，把地球上的人类移居到太空城里，以使人类能够世世代代在地球以外的空间生存和繁衍。

豪豪是个太空迷，他认为这个移民计划实在是太匪夷所思了。有一天，豪豪和叔叔讨论起这件事。

叔叔说："随着世界人口的急剧膨胀，地球变得越来越拥挤，生活资源也变得越来越紧张，于是科学家提出了建造太空城的设想。科学家认为，人类文明已经进入全新的时代，人们在科学技术的加持下将不断向更加广阔的空间探索，也将朝着太空移民的伟大目标前进。其中最吸引人的移民计划是向火星派出先遣队并进行考察，初步开辟适宜的赤道地区，再派专家登上火星，为人类移民火星开辟一条崭新的道路。"

豪豪问："那么，科学家们设想的太空城究竟是什么模样的呢？"

叔叔说："科学家拟建的太空城有两个方案，第一种设计方案是一个旋转的圆筒，圆筒的一端对着太阳，另一端为半球形；第二种设

计方案是轮状的，其中心是可旋转的太空城。轮圈的外缘是太空城的地面，轮圈的内缘是太空城的顶部。'屋顶'有一扇由透明材料做成的天窗，阳光从天窗射进来，通过控制调节，使太空城既明亮又温暖如春。"

豪豪问："那么，这个复杂而庞大的太空移民计划将如何来实施呢？"

叔叔说："科学家认为必须思考三个方面的问题：第一，人们需要思考人类为什么要进行太空移民。科学家通过研究发现，人类进行太空移民的根本原因是资源缺乏。整个太阳系都将在几十亿年后面临灭亡的结局，地球在人类的开发之下很难撑到最后，所以将人类文明不断进行移民扩张或许是最好的办法。第二，人们需要思考如何成功地进行太空移民。载人飞船是离开地球最安全的方式，尽管这样做要耗费巨大的财力，但是比较安全、成熟，风险也最低，可以建立多个太空空间站。第三，科学家需要思考怎样发展太空移民。到达一个十分陌生的星球之后，人们要在克服身体以及心理不适的同时，加快建设速度。科学家指出，在人类到达移民的星球之前，机器人可以为人们建造好相关设施。除此之外，人们还需有更加全面的计划，以便找到适合人类居住的地方，并因地制宜，完善发展条件，从而更快更好地拥有一个太空城市。"

豪豪问："那么，人类如何像在地球上那样，在太空城里生活呢？"

叔叔说："你知道青苔吧，它包含了很多的生物物种，例如真菌、地衣、苔藓、藻类等。我们说说地衣，科学家研究发现，地衣对地球生态非常重要。即便在极端环境下，它也能为人类的生存创造条件。地衣可以供人类食用，在云南省的丽江、香格里拉等地区，大部分的地衣可以作为蔬菜食用。过去当地人用这种地衣来充饥，而现在地衣作为旅游食品已随处可见。它还具有消炎的作用，可以用来包扎伤口。在高海拔地区的大山上，顺着山脊往上爬，你很难再看到其他植物生长，然而即便爬到悬崖绝壁上，你仍可以看到地衣，而且它们生长得非常好。在干旱的沙漠地区，或者是一些高原地区，人们可以看到一些动物死去以后，其骨骼深处也长满了地衣，甚至连牙齿表面都会有地衣。牙齿没有一丁点儿营养，但是地衣却可以顽强地自己养自己，活得非常好。由此可见，将地衣送到太空星球上，它也能像在地球上那样存活。"

豪豪问："那么，地衣到底是什么东西啊？"

叔叔说："生物学家指出，假如把地衣切开，放在显微镜下看，可以看到绿色的是藻类，白色的是真菌，它们是可以共生的。藻类给真菌'盖房子'，保护真菌，而真菌也会给藻类提供食物，就这样，它们互相依靠，生活在一起。"

豪豪问："那么，人类如何依靠地衣在其他星球上生活？"

叔叔说："科学家曾预言，人类在不久的将来即将离开地球，但现在人们还没有发现一个像地球这样的蓝色星球。我国已经开始尝试去火星、月球考察。月球是一个非常'冷酷'的星球，极端缺氧，还有很强的辐射。那么，人类在这样的环境下怎么定居呢？最简单最直观的方法是做一个玻璃罩子，在里面住十天、一个月、一年都可以。但是，要让人类在那儿永远地繁衍生息下去，是不可能的。所以，人们要改造这个星球的表面环境，地衣就是一个先遣队。现在有些国家正在建造地衣园，我国也正在筹建，相信不久的将来，移民太空的梦想终会实现。"

探测引力波

俊俊的爸爸妈妈在天文台工作，俊俊自懂事开始受父母影响，除了夜晚在阳台上观看月亮和星星之外，还特别喜欢去天文台通过望远镜观察夜空中各种各样的星座……有一天晚饭后，俊俊听见爸爸妈妈在客厅里议论起引力波。妈妈说："你有没有看到那篇文章，说2019年探测到的一个引力波信号并非由黑洞合并触发，而是和一种更为诡异的天体有关。"

没等爸爸回答，俊俊便脱口而出问妈妈："那这种诡异的天体究竟是什么？"

妈妈一听，不由得笑起来，便对俊俊说："你这个小机灵，对引力波这个天文现象也感兴趣啊！实际上，引力波是时空的涟漪，目前人们能够探测到的引力波信号都是很强的，都是由宇宙中的极端事件如黑洞或中子星合并而触发的。有的科研团队认为，引力波信号不但可由已经观测过和理论上已经有可靠预言的天体事件引起，还可由那些人们从未见过甚至从未料想过的天体事件引起，如中等质量黑洞，但是天文学家却一直没有观测到这种中等质量黑洞。所以，科研团队认为，这次引力波事件可能不是黑洞合并引起的，触发此次引力波事件的是两个从未见过的天体，这种天体叫'玻色星'，是由超轻玻色子构成的，而超轻玻色子的质量只有电子的数十亿分之一。"

俊俊好奇地问："那么，科研团队又是如何来证明他们的这种猜测是正确的呢？"

爸爸说："研究人员发现，用玻色星合并模型对2019年发生的引力波事件进行模拟，结果要比其他用黑洞模型进行的模拟好得多，而且也表明了合并源的特征和早先的判定结果有不同之处。研究人员表示，如果说发生合并的不是黑洞，那么就不存在质量突破理论上限的问题。而由于玻色星的合并过程要比黑洞弱得多，合并源的间距也应该比其他科研团队估计的更接近实际状况。两个玻色星合并形成的是一个质量大约为太阳250倍的黑洞，这是一个货真价实的黑洞，所以说人们目击了一个中等质量黑洞的诞生也没错。"

妈妈补充说："研究人员认为，玻色星和黑洞一样属于致密天体，它们没有视界。玻色星合并后形成的新玻色星不稳定，最终会坍缩成黑洞，并触发能够感知到的引力波信号。而构成玻色星的超轻玻色子并不是普通物质，它是一种'暗物质'，超轻玻色子是暗物质的候选粒子，属于呼声甚高的一种。科研团队发现，尽管分析倾向于黑洞合并假说，但是从数据来看，实际上更像是玻色星合并，只是目前还无法证明。因为在数据上两者几乎无法分辨，而当今玻色星模型还非常有限，需要有一个提升的过程，这样才能让学者以玻色星合并为假定前提，复核此前探测到的一系列引力波信号。"

俊俊接着问爸爸："这个问题如此复杂，那么，我国天文学家的意见又是怎样的呢？"

爸爸回答："我国已经制定了引力波探测计划，尽管国外先进国家已经走在前面，然而发现引力波只是一个开始，引力波研究方面还有一大批'诺贝尔奖'在等着人们去摘取。我国目前唯一的引力实验研究基地——华中科技大学物理学院引力中心的罗院士告诉我们：在这一国际大科学领域，中国没有缺位。中国探测的是连续的低频段引力波，而国外探测的是高频段引力波，各有千秋，没有先进和落后之分。"

　　爸爸接着说："科学家指出，引力波研究的意义可以与美国阿波罗探月计划相提并论。罗院士和他的团队提出了一个被称为'天琴计划'的课题项目。'天琴计划'即由三颗全同卫星组成一个等边三角形阵列，在以地球为中心、高度约10万千米的轨道上运行。'天琴计划'一直在边实施边积累之中，已经有了多年的技术储备。这项基础研究会带来一系列关键技术突破，例如，可以精确地测量地球重力，使人们更加全面地了解地球水资源、矿产资源的分布与变化等。2018年，'天琴'空间引力波探测科学目标研讨会在珠海召开，项目组不同课题的负责人介绍了最新的研究进展。'天琴计划'已引起世界各国科学家们的高度关注，多国的顶尖教授也希望能参与其中。它将成为以中方为主导的国际合作项目，聚集全世界最优秀的科学家，朝着同一个目标而努力奋斗。"

俊俊听完爸爸妈妈的一席话，兴奋不已。俊俊想：我国在科学技术研究方面正在大踏步地向前冲刺，自己长大以后也要做个优秀的天文工作者，为国争光。

太空电梯

　　健健听过一个故事：人们想建造一座通天塔，但因为语言不通，最终导致建塔计划失败。健健心想，如今人类科技如此发达，有没有可能建造一部往返太空的电梯呢？他把想法告诉了叔叔。

　　叔叔一听，乐呵呵地对健健说："小家伙，你说得不错。长期以来，太空电梯不仅出现在科幻小说中，而且也是科学家们进行可行性探索的课题。太空电梯是一个非常好的构想，但是建造过程中会涉及承受巨大应力和压力的难题，而现有的建筑材料尚无法达到其要求。然而，只要电梯制造商采用更多的生物学技术，调整风险评估，并建造一些智能化维修机器人，不久的将来，建造一部太空电梯是完全可能的。"

　　健健一听，顿时两眼放光，迫不及待地问叔叔："那么，科学家准备如何制造这种太空电梯呢？"

　　叔叔回答道："曾有科学家提出了太空电梯的设计方案。根据韧带和肌腱等生物结构最大应力与最大拉伸强度比率原则，它的设计需要比工程力学使用的应力—强度比率高出许多，这种生物学材料吸收作用力的能力至少是破坏作用力的两倍。研究人员指出，像这样的应力—强度比率，对于正常的土木工程项目而言是可以的，但是对于像

太空电梯这样的大型建筑来讲，肯定不行。最早的太空电梯概念是20世纪70年代火箭科学先驱齐奥尔科夫斯基提出的的。从此，科学家们便开始不断地提炼和更新太空电梯构想，但是电梯的基本设计思路并未出现变化，太空电梯有固定在地球上的缆绳，电梯向上延伸至地球静止轨道。在缆绳的顶部末端是一个平衡物，其重力和向外方向的离心力使缆绳处于紧绷状态，沿着缆绳放置一个货舱，可沿着缆绳上下移动。但是，这种太空电梯的最大问题是，这根超长缆绳要承受巨大的应力，以致于当今没有任何材料可以满足它。"

健健接着问叔叔："有没有新的解决方案？"

叔叔告诉健健："曾有科学家想到了超强度碳纳米管缆绳，但当时没有人能够制造出超过1米长的这种缆绳，太空电梯建造就此被搁置了。但是，科学家坚信，碳纳米管仍是建造太空电梯的希望。最近，有科学家提出了不同的解决方法，采用一种碳纳米管与其他材料结合在一起的复合材料，虽然强度比纯碳纳米管低了一些，但是科学家可以采用智能化修理机器人自行修复的方法来增强材料强度，确保超级建筑的稳定性。"

健健又问叔叔："那么，智能化修理机器人是否可靠和安全呢？"

叔叔回答道："如果用这种智能化修理机器人进行自行修复，太空电梯能够在高应力水平下确保可靠性，同时，也可采用强度稍低的材料制造，使安全性、实用性更强。结合生物学原理，人体跟腱和脊柱可以承受巨大应力，是因为它们有自我修复的能力。钢铁材料缺少这种能力，如能把这种能力添加到太空电梯的设计中，人们就无须等待新型材料出现，使用现有材料建造太空电梯也是可能的。"

健健又问叔叔："如此说来，现在人们是不是已经可以制造太空电梯了？"

叔叔告诉健健："你说得不错。有科研人员研制了一款长、宽、高分别为6厘米、3厘米、3厘米的太空电梯轿厢模型。你可不要小看这个小家伙，它虽然属于迷你型的实验版，但是它的最终目标就是为了验证将来的太空电梯。据有关媒体报道，这款迷你实验版太空电梯轿厢已经与两颗卫星一同搭乘H2B火箭前往国际空间站。两颗卫星之间将采用特制缆绳进行连接，而迷你实验版太空电梯轿厢将在特制的缆绳上进行移动，就像普通电梯轿厢在上下两端移动一样。一旦验证成功，那么太空电梯成真的梦想就不远了。"

健健听罢，心想：科技探索真是永无止境！

中国航天发射场

　　康康的妈妈是一个记者。一天，康康放学回家，妈妈告诉康康，她最近要出差。康康问："去什么地方啊？"妈妈说，要去采访酒泉、太原、西昌、文昌四大航天发射场。康康一听，高兴得跳了起来，一下子抱住妈妈，说："妈妈，等您采访完，一定要详细告诉我发射场里的情况哦，给我上一堂航天课。"妈妈连忙回答："好，好，好，你快点去做作业吧！"

　　半个月后的一天傍晚，康康妈妈风尘仆仆地回到家，康康立马冲过去迎接妈妈。晚餐过后，康康拉着妈妈的手走进书房，急忙问妈妈："火箭发射场是什么样子啊？"

　　妈妈清了清嗓子，对康康说："别急，别急，让我慢慢讲给你听，先来说说酒泉卫星发射中心吧。走进航天发射场后，你可以近距离观看货真价实的火箭以及发射塔架。作为中国人飞天梦的开端和航天大国的起点，酒泉卫星发射中心是中国航天的'摇篮'。这次我有幸登上了'东方红一号'卫星发射塔架，近距离观摩了中国第一颗人造卫星'东方红一号'冉冉升起的地方……在东风航天城的红房子历史馆内，我看到了许多珍贵史料，其中包括50年前的航天英雄是如何让中国的第一颗人造卫星冲出大气层、冲向宇宙的。"

妈妈继续说："西昌卫星发射中心，号称中国的'探月港'和'北斗湾'。经过几代航天人的持续奋斗，我国航天事业创造了以'两弹一星'、载人航天、月球探测、北斗组网等为代表的辉煌成就。在那里，人们可以与工作人员交谈，参观他们的工作环境，身临其境地体会从事伟大航天事业的'幕后英雄'们是如何工作和生活的，还能面对面观看塔勤分队执勤工作，观看塔架上'蜘蛛人'是如何'飞檐走壁'的，还有机会体验穿防护服，甚至还可以近距离看到火箭燃料。"

康康羡慕地说："妈妈，您太幸运、太幸福了！"

妈妈吸了一口气，说："是啊，惊喜连连。太原卫星发射中心是创造中国航天发射史上多个第一的地方，即它发射了我国第一颗太阳同步轨道气象卫星风云一号、第一颗中巴资源一号卫星、第一颗海洋资源勘察卫星等。它的航天发射成功率高达100%，位居世界前列。尽管它成绩傲人，但一直是个地地道道的'低调学霸'。这次我有幸登上了太原卫星发射中心最新的9号发射塔架，观看了其内部结构，以及它在核心能力建设上的各种成果，即信息化建设、组织模式改进、

海上发射、6小时连续发射两次的超强运作能力等。"

　　妈妈接着说："海南文昌卫星发射中心是世界一流的现代化新型航天发射场。它还有一个'花园发射场'的美称，拥有优越的自然人文环境。既是中国首个滨海航天发射场，又是世界上为数不多的低纬度发射场。登上近百米高的发射塔架之后，可以俯视发射场周边的牛群、问天路旁的植物丛林，感受高精尖科技与大自然和谐共处的画面。"

　　康康好奇地问妈妈："那么，这四个卫星发射中心各有什么不同呢？"

　　妈妈回答道："最有特色的就数文昌卫星发射中心。有媒体评价，从西昌到文昌，一字之差的背后，却是中国航天发射场空间的巨大转换。俯瞰中国版图，从大漠戈壁到大凉山下，从黄土高坡到海角天涯，中国航天发射的'原点'正在由内陆向沿海位移。至此，中国航天发射场的四足鼎立，已形成沿海内陆相结合、高低纬度相结合、各种射向范围相结合的新格局。文昌航天发射场自建成后，已成功发射长征七号、长征五号、嫦娥五号等航天器，以及2022年11月12日发射的天舟五号货运飞船，代表了中国航天科技领域的较高水平。文昌航天发射场的最大优势是运输限制少，可以采用海运方式直接运输新型、大尺寸航天产品，综合效率高，经济可靠。由于纬度低，与较高纬度发射场相比，它可以充分利用地球自转速度，提高运载器效率。而且它的射向面宽，安全性好，射向面朝大海，火箭残骸落区位于海上，可最大限度降低火箭航区和残骸落区安全隐患。"

康康又问妈妈："那么，今后我国航天发射场还有什么新的发展呢？"

妈妈说："根据浙江省政府公示的《浙江省重大建设项目'十四五'规划（征求意见稿）》，将在浙江省宁波市象山建立中国第五个航天发射中心，以满足未来商业卫星的发射需求。其规划面积约67平方千米，包括航天发射场35平方千米、产业配套区32平方千米，将成为年发射规模100次的商业航天发射基地和千亿元级的商业航天配套产业基地。届时，我国将拥有一个纯商用的、地理位置优越

的、可与美国肯尼迪航天中心相媲美的航天发射中心。"

康康听罢，无比兴奋地说："妈妈，等到学校放假，能不能带我去海南文昌旅游啊？"

妈妈乐呵呵地说："没问题！其实文昌作为中国唯一的滨海航天发射场所在地，它的定位是开放性和商业化，可由此带动当地旅游业的发展。在发射场入口处，有文昌航天主题乐园，又被称为科普中心，是当地规划的拳头旅游产品。园区内建有火箭发射实时观看广场，通过广场上的大屏幕，既可以看到指挥中心，也可以看到发射场和发射架。从广场到发射场的距离很近，游客不仅可以实时观看，更能亲身体验火箭发射时的震撼。据有关部门介绍，自该园区运营以来，已成功举办了长征五号和长征七号运载火箭发射等观礼活动，还计划以1∶1的比例建造一个长征五号的模型，这将吸引不少游客和航天爱好者的眼球。"

康康听罢，满心欢喜地期待假期早日到来，和爸爸妈妈一起经历一次神秘刺激的旅程。

天问一号的来龙去脉

　　鹏鹏终于等到妈妈休假的这一天。妈妈给他讲了我国天问一号火星探测器的情况。

　　妈妈告诉鹏鹏："天问一号的诞生很不容易。2011年11月9日，中国研制的首个火星探测器萤火一号连同俄罗斯'福布斯—土壤'探测器一起，在哈萨克斯坦境内的拜科努尔发射场用俄制的运载火箭发射升空。然而，由于搭载的俄罗斯'福布斯—土壤'火星探测器出现故障，萤火一号火星探测器也未能进入预定轨道，整个发射任务宣告失败。之后，随着大型运载火箭和深空探测网等关键技术取得重大突破，我国开始规划行星探测，并提出实施首次火星探测任务，突破火星环绕、着陆、巡视探测等关键技术。计划发射首颗火星探测器，实施环绕和巡视联合探测。还开展火星采样返回、小行星探测、木星系及行星穿越探测等方案的深化论证和关键技术攻关，以适时启动工程，研究太阳系起源与演化、地外生命信息探寻等重大科研问题。科学家之所以将火星探测器命名为天问一号，源于中国古代爱国诗人屈原的长诗《天问》，表达了中华民族追求真理的坚韧与执着，体现了对自然和宇宙空间探索的文化传承，寓意探求科学真理征途漫漫，追求科技创新永无止境。天问一号入选'2020年度中国媒体十大新词语’，它还被赋予了一个漂亮的图形标识。”

鹏鹏饶有兴致地问妈妈：“那么，天问一号的图形标识是什么模样的呢？”

妈妈回答道：“中国行星探测工程是一个整体概念。自2016年8月23日开始，中国火星探测工程名称和图形标识面向全球征集方案，海内外各界人士踊跃参加。到征集结束，共收到涉及工程名称及图形标识作品35912个。通过网络投票，共收到各地有效投票3278962张。无数优秀创意作品塑造了人类对火星探测的美好愿景。2020年，执行中国首次火星探测任务的探测器被命名为天问一号，并以‘揽星九天’作为中国行星探测工程的图形标识。在这个标识中，太阳系八大行星依次排开，表达了宇宙的五彩缤纷，呈现科学发现的丰富多彩，饱含动感，气韵流动。开放的椭圆轨道整体倾斜向上，展示了独特字母‘C’的形象，代表‘中国’开展行星探测，体现‘协同攻坚、合作共赢’的精神，标志着深空探测运载能力和探测器到达地外天体的能力。这组意义深远的名称与图形标识承载着中国人航天强国的梦想，为人类和平利用太空，为推动构建人类命运共同体，贡献更多的中国智慧、中国方案和中国力量。”

鹏鹏又问妈妈：“那么，天问一号火星探测工程具体是如何进行的呢？”

妈妈告诉鹏鹏：“2016年1月，中国自主火星探测任务获得国家批准立项。火星环绕、着陆和巡视拉开帷幕，对火星开展全球性、综合性环绕探测。2020年7月14日，火星探测器天问一号运抵文昌航天发射场；2020年7月22日，中国火星探测工程对外公布‘中国首次火星探测任务天问一号着陆平台和火星车’信息；2020年7月23日12时41分，长征五号遥四运载火箭将天问一号探测器发射升空，飞行2000多秒后，成功将探测器送入预定轨道，开启火星探测之旅，迈出了中国火星探测的第一步。”

鹏鹏又问妈妈：“那么，天问一号上有哪些装置和仪器？”

妈妈回答道：“天问一号探测器是由环绕器、着陆器和巡视器组

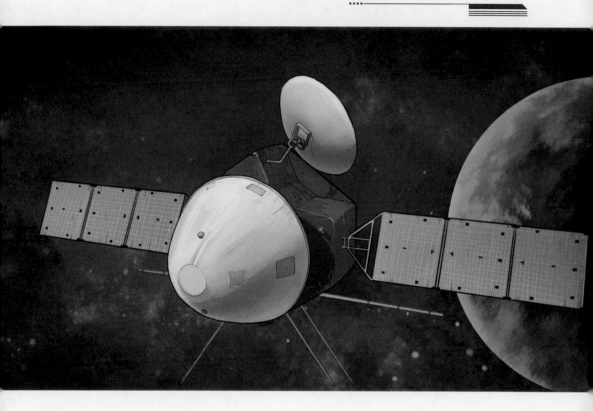

成的，总重量达5吨左右。天问一号探测器携带的主要设备有中、高分辨率相机，火星磁强计，火星矿物光谱分析仪等。中、高分辨率相机负责对火星表面进行拍摄，拍摄的图像用于火星表面地形地貌和地质构造研究；火星磁强计主要负责探测火星空间磁场环境；火星矿物光谱分析仪用来分析火星矿物的组成与分布，研究火星整体化学成分与化学演化历史，分析火星资源及其分布。"

　　妈妈继续说："天问一号火星探测器的成功发射、持续飞行以及后续的环绕、降落和巡视，表明深空探测是当今世界高科技中极具挑战性的领域之一，是众多技术的高度融合，也是体现一个国家综合国力和创新能力的重要标志。中国开展并持续推进深空探测，这对保障国家安全、促进科技进步、提升国家软实力以及提升国际影响力具有重要意义。探索浩瀚宇宙，发展航天事业，建设航天强国，是中华民族坚持不懈追求的航天梦。在今后一个时期，中国将坚持创新、协调、绿色、开放、共享的新发展理念，推动空间科学、空间技术、空间应用的全面发展，为振兴发展大局和增进人类福祉作出更大贡献。"

鹏鹏听完，不由得心潮澎湃。他想：航天工作者真伟大，他们的拼搏精神值得我们学习，我也要以他们为榜样，努力学习，长大后做一个对国家有用的人！

"祝融号"留下"中国印"

暑假的一天，雯雯打开电脑，上网搜寻有关地外生命的信息。其中一条消息吸引了雯雯的眼球，那就是科学家发现了火星表面存在水分。雯雯不由得发出感叹："难道火星上真的存在生命？"

舅舅在一旁听到雯雯的感叹，乐呵呵地告诉雯雯："人类一直渴望在宇宙中能找到地外生命，可是至今还是没有发现任何外星生命。尽管这让科学家有些失望，但是他们始终坚信，在宇宙中除了地球之外，其他星球肯定还是有生命存在的。以目前人类太空探索的水平，只能在太阳系的范围内进行寻找。"

雯雯好奇地问："那么，科学家是采用什么科学技术来发现火星表面有水的呢？"

舅舅告诉雯雯："这要归功于天问一号探测器。2021年5月15日，我国的天问一号探测器在火星乌托邦平原南部着陆，留下了中国人的'印迹'，迈出了我国星际探测征程的重要一步。接着，天问一号火星探测器马不停蹄开展了一系列探测任务。在火星轨道上运转的天问一号火星轨道器和着陆在火星表面的祝融号火星车都搭载了专门用来找水的科研装备。它们可以在太空中进行大范围扫描或是在火星表面进行采样分析，从而获得大量科研成果。祝融号就在自己的着陆

点附近发现了含水矿物，并成功测定、估算其水含量。国家航天局举行天问一号探测器着陆火星首批科学影像图揭幕仪式，公布了祝融号火星车拍摄的影像图片，这标志着我国首次火星探测任务取得圆满成功。"

雯雯问舅舅："那么，火星车为什么叫'祝融号'呢？"

舅舅回答道："2021年，中国在全球范围内举行了火星车征名活动，'祝融号'这个名字以超过50万的票数荣登榜首。同年4月24日，"中国航天日"启动仪式暨中国航天大会开幕式在江苏南京举行。在启动仪式上，我国首辆火星车被命名为'祝融'，全称'祝融号'。'祝融'在中国神话中被称为火神，象征着光明。中国首辆火星车命名为'祝融号'，代表火神祝融登陆火星的意思，寓意点燃中国星际探测的火种，指引人类对浩瀚星空、未知宇宙进行探索。从

'神舟'到'嫦娥''玉兔',再到'天宫''天问',中国人民把对遥远星空和宇宙的无限憧憬寄托在这些名字中。而火星车命名为'祝融号',也意味着火可以驱散黑暗、带来温暖,指引中国航天人不断超越,逐梦星辰。

雯雯迫不及待地问舅舅:"如此说来,是不是有可能在火星上找到地外生命呢?"

舅舅笑盈盈地说:"火星和地球有很多相似的地方,而且它离地球也不远,所以科学家把一些探测器发射到火星上进行探索。如今已在火星表面发现了液态水,这让科学家们更加相信:火星地表冰盖之下可能有大量类似于地球上的水,它不仅为人类寻找地外生命提供了科学依据,而且对人类来说意义非凡。

2022年9月,中国科学院地质与地球物理研究所火星研究团队利用'祝融号'火星车获取的探测数据,表明'祝融号'火星车着陆区火星表面数米厚的火壤层下存在两套向上变细的沉积层序,可能反映了约35亿~32亿年以来多期次与水活动相关的火表改造过程,该区域火表以下0~80米未发现液态水存在的证据,但不排除存在盐冰的可能。

雯雯又问舅舅:"那么,今后人类是不是就可以移民火星?"

舅舅笑了笑,回答道:"人类在火星上居住是一项复杂而又庞大的系统工程。首先要建造一个类似地球上的供水系统才行。当今,对于火星,人类的主要工作就是要探明其地表之下的秘密,想方设法利用探测器钻探到火星地表下面,找到大量的液态水。一旦发现和地球一样的水,那么,人类移民火星的梦想或许用不了多久就会实现。据有关部门披露,中国科学家将在这个领域制订出更多的技术方案,包括发射更多、更先进的火星探测器乃至将航天员、科学家送往火星,为人类在太空开辟新的生存空间进行实地考察和研究,以获得更多的科技成果。"

雯雯听了舅舅的一番话后，不由得感慨万千：随着对火星的进一步探索，中国科学家会揭开火星更多的秘密，为人类迁移到火星居住、生活创造条件。期待这一天早日到来！

天问一号的飞行历程

　　斌斌在了解了天问一号的来龙去脉之后，兴致勃勃地问妈妈："妈妈，您知道天问一号探测器是如何飞到火星的吗？"

　　妈妈告诉斌斌："为了准确到达预定的火星位置，2020年8月2日7时整，天问一号探测器的3000牛顿发动机开机工作20秒，顺利完成第一次轨道途中修正，继续飞向火星。2020年8月19日23时20分，天问一号探测器距离地球约823万千米，环绕器中的火星磁强计、矿物光谱分析仪、高分辨率相机、中分辨率相机等装置依次完成自检，确认设备状态一切正常。2020年8月28日10时08分，天问一号探测器累计飞行里程达到1亿千米，探测器姿态稳定、能源平衡，多个设施完成自检，确认设备状态正常，相关工作按预定计划稳步推进。2020年9月18日8时30分，天问一号探测器飞行里程已达1.55亿千米，距离地球1800万千米。"

　　妈妈继续说："天问一号第二次轨道修正从2020年9月20日23时开始，此时，天问一号已在轨飞行60天，距离地球约1900万千米，飞行里程约1.6亿千米，探测器各系统状态良好，地面测控通信各中心和台站跟踪正常。在中国火星探测任务飞行控制团队的操控下，天问一号探测器4台120牛顿发动机同时点火工作20秒，顺利完成第二次轨道中途修正，并在轨验证了120牛顿发动机的实际性能。最有趣的是，天问一号在深空玩起了'自拍'。2020年10月1日，国家航天局将天问一号探测器的飞行图像公布于众。让科学家们激动的是，2020年10月9日23时，在中国火星探测任务飞行控制团队控制下，天问一号探测器主发动机点火工作480余秒，顺利地完成了深空机动，以便能够准确地被火星捕获。此时，天问一号已飞行多日，与地球相距甚远，探测器各个系统状态良好。"

斌斌忍不住插嘴问妈妈："天问一号探测器飞行过程怎么如此复杂？"

妈妈对斌斌说："是啊，天问一号探测器太空飞行十分艰难，它的第三次轨道修正是从2020年10月28日22时开始的。在火星探测任务飞行控制团队操纵下，天问一号探测器8台25牛顿发动机同时点火工作，对转移轨道再一次进行微量调整。截至同日，天问一号探测器已在轨飞行97天，距离地球约4400万千米，飞行路程约2.56亿千米，探测器各系统状态保持良好，地面各个测控通信中心和台站能正常跟

踪天问一号探测器。截至2020年12月9日，天问一号探测器已飞行了约3.5亿千米，与地球距离约为9250万千米，与火星距离约1400万千米。中国航天科技集团五院天问一号探测器研制团队还以天问一号的口吻，写了首封'家书'，汇报了以上情况。"

斌斌又问妈妈："那么，天问一号探测器是如何开展环绕火星之旅的呢？"

妈妈说："天问一号探测器在环绕火星旅行之前，还需要完成地球—火星转移段第四次轨道途中修正，以确保按预定计划实施火星捕获。2021年2月10日19时52分，天问一号探测器成功进入火星轨道。2021年2月15日，天问一号探测器成功地实施捕获轨道远火点平面机动，3000牛顿发动机点火工作，将轨道调整为经过火星两极的环火星轨道，并将近火点高度调整至265千米。2021年2月24日6时29分，首次进行火星探测任务的天问一号探测器成功实施第三次近火制动，进

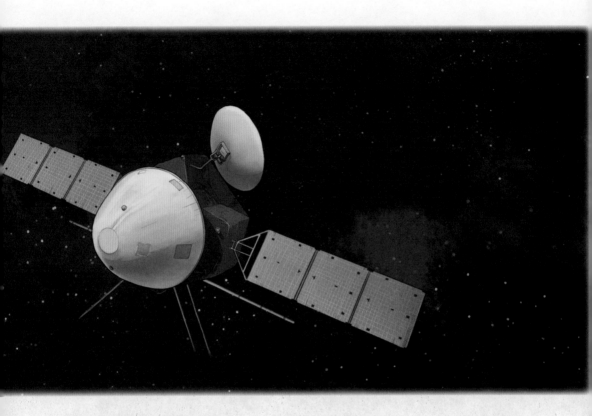

入近火点280千米、远火点5.9万千米、周期为2个火星日的火星停泊轨道。"

斌斌听罢妈妈的一番介绍后，切实感受到天问一号探测器发射的艰辛。他不由得想：天问一号探测器的火星飞行历程，就像《西游记》里唐僧和他的徒弟们奔赴西天取经一样艰难，经历了九九八十一难。然而，中国伟大的航天人不畏险阻、艰苦奋斗的精神战胜了各种各样的困难，值得后人发扬光大，代代相传。

通往天路的"长征"系列运载火箭

　　有一天，然然在电视中看到了一条新闻：截至2021年12月10日，中国"长征"系列运载火箭已发射400次，为我国航天事业做出了杰出的贡献。然然看罢心潮澎湃，很想知道长征系列运载火箭的具体情况。他不由自主地走进书房，问妈妈："妈妈，电视台报道了我国'长征'系列运载火箭的新闻，能不能给我讲讲具体情况啊？"

　　妈妈一听，乐呵呵地说："'长征'系列运载火箭是我国自行研制的航天运载工具，起步于20世纪60年代。1970年4月24日，长征一号运载火箭首次成功发射，将东方红一号卫星送入预定轨道。如今，早期研发的'长征'运载火箭有的已经完成历史使命退役了。还在服役的'长征'系列运载火箭共有15种型号，它们分别是长征二号丙、长征二号丁、长征二号F、长征三号甲、长征三号乙、长征三号丙、长征四号乙、长征四号丙、长征五号、长征五号B、长征六号、长征七号、长征七号甲、长征八号和长征十一号。另外，长征六号甲、长征六号X、长征九号、长征十一号甲等新型'长征'系列运载火箭正在研制之中。"

　　妈妈接着说："'长征'系列运载火箭具备发射低、中、高不同地球轨道的不同类型卫星以及载人飞船的能力，还具备无人深空探测能力。其中，低地球轨道运载能力达到25吨，太阳轨道运载能力达到15吨，地球同步转移轨道运载能力达到14吨。其发展一共经历了5个阶段：第一阶段，是基于战略导弹的技术起步；第二阶段，是按照运载火箭技术自身发展的规律研制火箭；第三阶段，是为满足商业发射服务而研制火箭；第四阶段，是为载人航天需要而研制火箭；第五阶段，是为适应环保及快速反应需要研制火箭。'长征'系列运载火箭一共完成了4代运载火箭的研制：第1代具有明显的战略武器型号特点，解决了我国运载火箭从无到有的问题；第2代仍然带有战略武器型号的痕迹，并在第1代的基础上进行了技术改进；第3代采用系统级冗余的数字控制系统，增加了三子级以及故障检测和逃逸系统，简化了发射场测发流程，任务适应能力大大提高；第4代采用无毒无污染推进剂，环境友好，采用全箭统一总线技术和先进的电气设备，最大运载能力得到了大幅提升。"

然然接着问妈妈："那么，'长征'系列运载火箭对探索太空又有什么意义呢？"

妈妈笑盈盈地说："航天技术是国家综合实力的重要组成部分。运载火箭是目前人类克服地球引力、进入太空的唯一工具，也是发展空间技术、确保空间安全的基石，更是实现航天器快速部署、重构、扩充和维护，大规模开发和利用空间资源，发展国民经济、国家空间军事力量和军事应用的重要保证和重要推动力。'长征'系列运载火箭为我国确保安全、可靠、快速、经济、环保地进入宇宙空间，推进太空探索技术发展，促进人类文明进程，做出了巨大的、决定性的贡献。与此同时，'长征'系列运载火箭技术的发展也为中国航天技术提供了广阔的舞台，推动了中国卫星及其应用以及载人航天技术的发展，有力地支撑了以'载人航天工程''北斗卫星导航系统''月球探测工程'和'火星探测工程'为代表的国家重大工程的成功实施，为我国航天事业的发展提供了强有力的保障。"

然然又问妈妈："那么，最近'长征'系列运载火箭有什么新动向呢？"

妈妈告诉然然："如今，'长征'系列运载火箭正朝着多样化、高端化方向发展。例如，全长47.977米、起飞质量249吨的长征四号丙，在酒泉卫星发射中心成功发射，将运载的遥感三十一号03组卫星送入预定轨道。又如，长征六号X已立项，它将验证垂直起降技术，在一子级完成任务后，实现垂直返回，进而重复利用。再如，正在论证的新一代重型火箭长征九号，将用于深空探测、载人登月和登陆火星、空间基础设施建设等任务。火箭采用通用化、系列化、组合化发展策略。预计将于2030年左右实现首飞。"

妈妈又补充说："除以上所述之外，还有一款由中国运载火箭技术研究院研制的长征十一号甲运载火箭，它是一种更大规模的商业型固体运载火箭，也是我国第一次按照成本目标设计、生产、运营的火箭，它同时也可以通过单机集成，实现箭上电器一体化。它将满足绝大多数低轨卫星的发射需求。"

然然听完妈妈的讲解，心想：原来'长征'系列运载火箭是一个如此庞大的家族，发展历程如此之长。一代代航天工程技术人员克服了种种困难，付出了巨大辛劳和努力，才取得了现在的成绩，我作为一个中国人，深感骄傲！

"北斗"卫星导航系统大显身手

　　磊磊和爷爷在家看电视，电视里出现一个棉花播种的场景，只见拖拉机牵引着播种机，拖拉机上却没有人驾驶；另一个画面上出现两架无人机，它们与小麦保持1.8米的高度匀速飞行，向农田里的小麦喷洒化肥，既不重复又不漏洒。电视里说，这些都是依靠"北斗"卫星导航系统来完成的。

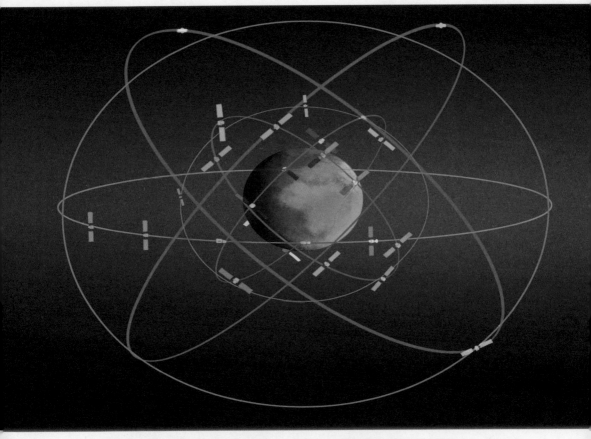

　　磊磊问爷爷："'北斗'卫星导航系统究竟是什么啊？"

　　爷爷回答："人们希望在荒山密林中不迷路，并能够准确找到目的地。自从人类掌握了卫星通信技术、卫星导航技术，这个愿望就变成了现实。科学家们把卫星导航系统、互联网和移动通信称为'21世纪信息技术领域的三大技术'。实际上，所谓的卫星导航系统就是一个由覆盖全球的若干颗通信卫星组成的卫星网络系统。这个卫星网络系统必须保证人们在任何时间、任何地点都能同时观测到其中的4颗卫星，以确保卫星采集到该观测点的三维立体位置数据（即经度、纬度和高度），而最终实现定位、导航和授时等功能。也就是说，卫星导航系统可以随时随地用来确定飞机、船舶、车辆和个人等所在的精确位置，并且能够安全、准确地引导它们沿着选定的路线准时到达目的地。"

磊磊接着问："那么，如今世界上哪些国家拥有卫星导航系统呢？"

爷爷说："目前，全世界有四个卫星导航系统，它们分别是美国的全球定位系统、俄罗斯的'格洛纳斯'系统、欧洲的'伽利略'系统和中国的'北斗'卫星导航系统。'北斗'卫星导航系统是我国自行研制的全球卫星导航系统，也是继美国的全球定位系统和俄罗斯的'格洛纳斯'系统之后第三个成熟的卫星导航系统。中国'北斗'工程分为三步走：北斗一号系统、北斗二号系统、北斗三号系统。北斗一号系统，即中国卫星导航，2000年建成；北斗二号系统，即区域卫星导航，2012年建成；北斗三号系统，即全球卫星导航，2020年

建成，覆盖全球。2023年5月，'北斗'卫星导航第56颗卫星成功发射。据介绍，这颗卫星具有无线电导航、精密单点定位等特点，可为中国及周边地区用户提供导航服务。"

磊磊又问："'北斗'卫星导航系统有什么独特之处呢？"

爷爷回答："如今，'北斗'卫星导航系统不仅在测绘、交通、救灾、电力、农业等领域得到广泛应用，还应用于手机、可穿戴设备、医疗、高速铁路、无人驾驶等，不仅全面替代和兼容全球定位系统，还可为'一带一路'沿线国家提供全方位服务。"

磊磊听完爷爷的一席话，心里倍感骄傲，发自内心为中国"北斗"卫星导航系统鼓掌、喝彩。有了"北斗"卫星导航系统，人们不再迷路，生活更快捷、方便！

一骑绝尘的量子互联网

华华是个网络爱好者，有时候，遇到网络不畅或网速过慢，他总是心急如焚。华华想：有没有比现有互联网速度更快、功能更强的网络呢？他带着这个问题找到了青少年活动中心的指导老师。老师听了之后，满脸笑容地对华华说："科学家们利用最新的量子技术，创造了量子互联网，它比目前传统的互联网要强大得多。"

华华连忙问："量子互联网是什么？"

老师笑着回答道："专家告诉我们，它起源于量子力学。量子力学改变了人们看待世界的方式，将广阔的微观世界展现在世人面前，同时还催生出激光、晶体管、集成电路、核磁共振成像等先进技术，彻底改变了人类的生活。随着量子信息学等交叉科学的飞速发展，'第二次量子革命'悄然来临，新一代量子技术让无条件安全的通信成为可能，计算能力获得指数级的飞跃，其中一个重要现象就是量子纠缠。量子纠缠是一种量子力学现象。因为它的强大能力和广泛应用前景，量子技术被视为'决定未来的技术'。"

华华接着问："那么，当下的量子互联网究竟会引起世界的哪些变化呢？"

老师顿了顿说："首先，要弄明白量子互联网与传统互联网有什么不同。简单地说，量子互联网利用的是量子物理学的独特原理，与今天人们使用的传统互联网有着本质上的区别。有关专家指出，人们可将量子互联网看作一种由多个量子计算机或者其他量子器件组成的广大网络，其核心功能就是能够完全实现任意节点之间的量子信息传递，从而开启一个全量子信息处理的新时代。量子互联网与传统互联网是一种互补的关系，而并非替代关系。量子互联网将和人们今天使用的传统互联网协同发展，通过连接量子信息处理器，可获得传统信息处理器无法具备的能力。量子互联网在传输速度、信道容量以及安全性等方面都具有较大优势，可进一步提升传统互联网在这些方面的性能，而传统互联网作为传统通信最重要的基础设施，也仍将持续在量子互联网时代扮演关键角色。"

华华又问老师："那么，人们能用量子互联网做什么呢？"

老师乐呵呵地说："量子互联网能够给人们带来极大的传感灵敏

度。例如，利用量子网络所拥有的时间基准，用于'北斗'卫星导航系统时，就可以极大地提升其授时、定位精度与安全性；又如，它可以实现远程医疗的高精度采样和传递，从而可以扩大医疗资源在物理空间上的分布范围；再如，它可以将通信网络的范围扩展到地球之外的太空，借助量子计算和量子通信技术揭开更多的宇宙奥秘。据有关媒体披露，美国建立了一个分布式量子信息实验室，它能提供传统互联网无法提供的军事安全、传感和计时等功能。与此同时，研究人员借助该实验室，取得了物质与光子之间量子纠缠转移的记录，比以前的距离高出两个数量级，为建立城际量子互联网奠定了基础，也为实现大规模分布式量子互联网迈出了重要一步。"

华华又问老师："那么，量子互联网将来会怎么样？"

老师笑了笑说："这个问题问得好。量子互联网是支撑量子通信技术的一种新型功能网络。在未来，它将是一种全量子网络。也就是说，它会采用量子隐形传态或量子纠缠交换技术作为链接，将用户、量子计算、量子传感等节点连为一体，从而变成一个产生、传输、使用量子资源的网络。专家告诉我们，要真正实现量子互联网大规模投入实际使用，还需要时间。2016年，我国科研团队自主研发的'墨子号'量子卫星发射升空，这是世界首颗量子科学实验卫星。2022年，世界首颗量子微纳卫星'济南一号'搭载中国科学院'力箭一号'运载火箭成功发射。"

华华听罢，对量子互联网的概念有了一定的了解。原来量子互联网是一种如此复杂的高科技产物，他从心底里为中国的科学家们拍手叫好，并默默地许愿，希望自己快快长大，早日体验量子互联网带来的便利。

航天员也要
看天气预报吗？

刮风、下雨、阴天、晴天……这些天气变化，对生活在地面上的人们来说已经习惯了，那么，远在"九霄"之外、接近真空的宇宙空间里，也会有天气变化吗？是不是没有大气，就没有天气变化了呢？

亮亮找到老师，说出了自己的这个想法。老师听了之后，笑容满面地告诉亮亮："如果你对气象学有所了解，就会知道地球上的天气主要是受太阳影响而变化，也就是说，是太阳的能量驱动着地球上的水与空气，形成了丰富的天气现象。然而，地球仅仅吸收了太阳释放总能量的二十亿分之一。太阳辐射出的光以及带电粒子，几乎可以遍及整个太阳系，这些物质的变化涌动就形成了'太空中的天气'。所以，并不是没有大气就没有天气变化。太空中的天气是指因太阳活动而产生的空间环境的变化。"

亮亮迫不及待地问老师："那么，太空空间的天气是如何变化的呢？"

老师轻声说："科学家告诉我们，太阳改变空间天气是一个非常复杂的现象，它共有'三招'：分别是太阳耀斑、高能带电粒子流和日冕物质抛射。太阳耀斑，是指太阳在某个区域发出的光突然变强，释放出巨大光能。如果用仪器观测太阳，就会发现明亮的'十字形'

光芒。太阳耀斑爆发出的电磁波频率范围极广，从伽马射线到无线电波都包含在内。当这个区域正好朝向地球时，强度极高的电磁波就会以光速向地球冲来，对地球造成一定的影响，最直接的影响是会干扰地球外层上空的电离层。科学家指出，存在大量等离子体的电离层可以反射一定频率范围的电磁波（短波），而更高频段的电磁波却可以穿透电离层。借助这个特性，人们发明了'天波通信'。人们将短波信号向天空发射，经由电离层的反射，再次回到地面，实现远距离无线信号传输。对卫星和航天器而言，人们能利用可穿过电离层的电磁波频段来实现卫星或航天器与地面之间的通信。但是，当太阳耀斑发出的电磁波冲击地球电离层后，会使原本平静、均匀、结构完整的电离层受到扰动，使电离层密度不均，甚至出现团块化、变厚或空洞等现象，使整个短波通信和卫星通信处于混乱状态，给人们带来不少麻烦，甚至酿成事故。"

老师继续说："高能带电粒子流往往会伴随着太阳耀斑同时发生，但是由于高能带电粒子的运动速度达不到光速，因此它会在强光'袭击'地球之后再到达。科学家指出，卫星上的芯片往往采用高低电平来代表数字信号的0与1，由此借用芯片内各个元件高低电平的变化来存储信息、计算数据，最终为卫星下达各种指令，以确保其正常在轨运行，并实现特定的功能。然而，当高能带电粒子流轰击卫星芯片时，它会改变电路的状态，本来低电平的元件可能被高能带电粒子流激发到高电平，或者直接损坏芯片，这时芯片就会给卫星下达错误指令，使卫星无法正常工作。例如，曾发生过一系列太阳强烈活动后，高能带电粒子流损坏了多颗卫星，数十颗卫星数据异常或无数据，甚至使一颗卫星与地面失联。与此同时，当高能带电粒子流轰击到地球大气时，会使高空大气密度剧烈上升数百倍，而且对近地轨道运行卫星的阻力也会异常增加，使得卫星速度和轨道高度骤降，如果不及时控制，卫星和航天器很可能坠毁。"

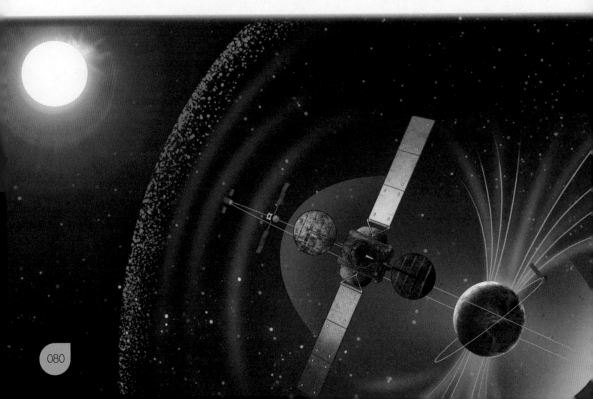

　　老师缓了一口气，接着说："再来说说日冕物质抛射，形象地说，它是太阳的一小部分被抛了出来。日冕物质是一种超高温的等离子体，速度为每秒十几千米到上千千米。它的厉害之处是体量巨大，这么多高温等离子体以'排山倒海'之势抛向太空，其后果可想而知。"

　　亮亮着急地问老师："如果抛向地球会怎么样呢？"

　　老师告诉亮亮："最好的防护办法，就是利用强大的地磁场使带电粒子流改变运动方向，让它们绕过地球，使其中一部分带电粒子沿着地磁场注入地球的南北两极，最终形成极光。不过，当地磁场剧烈变化时，会在输电线、变电箱内产生感应电流的不良后果。也就是说，当原有的电流和地磁场变化所产生的感应电流超过其最大载荷时，就会造成大规模停电。例如，1989年加拿大魁北克的大停电、2003年万圣节太阳风暴大停电等。当大量高能粒子涌向地球时，也会使高空大气密度剧烈上升。我国的神舟五号轨道舱曾受此影响，轨道舱高度明显下降，不得不采取提升轨道的举措，因此造成燃料额外消耗，缩短了执行在轨任务的时间。当时，世界上多颗通信卫星都出现了异常，远在火星的某国外火星探测器也被高能粒子损坏，航天员不得不临时终止探测任务，以躲避高能辐射。"

　　亮亮又问老师："对此，人们能采取什么预防措施呢？"

老师回答道："科学家认为，进行持续观测至关重要，包括地面上的观测以及利用卫星观测。与此同时，还要构筑及时、准确、安全的机制，即预告—预警—应对机制。其实，人们也不用过度担心，异常的空间天气会中断通信、损坏输电设施，但几乎不会伤害到航天员。"

亮亮听罢，心想：如果太阳爆发太阳耀斑、高能带电粒子流和日冕物质抛射对我们的生活产生影响时，一定要冷静、不恐慌，远离大型电力设施，安心度过这段可能没有网络、没有电的时光。

一飞冲天的中国空间站

　　萌萌终于等到小姨来家做客。晚餐之后，萌萌缠住小姨讲中国空间站建造的故事。小姨摸了摸萌萌的头说："小丫头，好，好，好，今天就给你讲讲中国空间站。"

　　小姨清了清嗓子对萌萌说："中国空间站的建造是根据国家航天局的飞行任务而规划的，它的实施分为关键技术验证、建造和运营三个阶段。为了完成空间站的建造任务，在长征五号B首飞成功之后，又先后发射'天和'核心舱、'问天'实验舱和'梦天'实验舱，完成空间站'T'字基本构架型的在轨组装建造。2021年4月29日，我国成功发射'天和'核心舱；2022年7月24日，我国成功发射'问天'实验舱；2022年10月31日，又成功发射'梦天'实验舱。与此同时，国家还成功发射多艘'神舟'载人飞船和'天舟'货运飞船，做好航天员乘组轮换工作和货物补给。实际上，建设空间站需要掌握大量建造技术、运营管理技术和强大的维修升级能力。例如，'梦天'舱需要转位，以便将空间站组合体从发射后的水平姿态调整到近乎垂直于地球的姿态，用来维持空间站稳定运行。也就是说，相当于把'梦天'舱竖起来。对此，各系统的高效配合十分关键。测控与通信分系统要在天地间搭建起畅通的通信链路，传输高清图像，让整个转位过程达到100%受控。航天员出舱，利用机械臂移动大型设备以及航天员自身移动，是通过两类机械臂以及人机配合来完成的。空间站的物资循环利用，以及提高其物资利用率，是依靠一套高科技可再生生命保障系统来实施的。它能处理航天员呼出的二氧化碳，制造新鲜、充足的氧气。这些所需的强大的不间断的电力，由翼展约80米的柔性太阳能电池来提供。"

萌萌问小姨："那么，空间站建好之后，航天员和科研人员是不是就可以入住了呢？"

小姨面带微笑地回答道："毕竟空间站的居住环境与地球上的居住环境有着天壤之别，想要长期在太空站中生存和开展各种各样的研究工作，必须对入住者进行极其严酷的选拔训练，以及进行生理、心理状态的测试，这是因为入住者既是科研人员又是居民。中国空间站里，通常有3名航天员作为一个乘组长期居住，每个乘组需要定期轮换，轮换时最多同时有6名航天员在轨。2022年11月30日，神舟十五号宇宙飞船3名航天员与中国空间站驻留的3名航天员胜利会师，6名航天员热烈拥抱庆祝。神舟十六号航天员乘组由指令长景海鹏、航天飞行工程师朱杨柱、载荷专家桂海潮3名航天员组成。2023年10月26日，神舟十七号载人飞船在酒泉卫星发射中心成功发射。执行神舟十七号载人飞行任务的航天员乘组由汤洪波、唐胜杰、江新林组成。

萌萌又问小姨："那么，轮换时6名航天员是不是同时进行工作啊？"

小姨点点头，告诉萌萌："你说得没错。在乘组轮换期间，通常有6名航天员同时在空间站工作。他们之间按照分工各自进行交接，待交接全部完成之后，前一个乘组乘坐载人飞船返回地球。以前我国载人航天飞行任务大约每两年一次，从空间站建造和运营开始之后，则每年需要执行多次发射任务，也就是说，需要航天员的类型和人数也会更多。"

萌萌问："什么样的人才能做航天员呢？"

小姨回答道："实际上，培养一名合格的航天员，需要花费大

量的物力、财力和时间，实属不易。以前，我国的航天员都是从现役空军飞行员中选拔的，他们主要是航天驾驶员。而在空间站开展各种科学实验，除了要有良好的身体素质之外，还需要有各种各样的科研技能，例如，航天飞行工程师和载荷科学家等。通常，飞行工程师要执行对空间站建造、维护、维修等任务；而载荷科学家也就是技术专家，他们要在空间站太空实验室中完成各种各样的实验项目。所以，挑选相关专业背景的科学家进行训练，也是航天员选拔与训练的一个主要方向。从2018年选拔第三批航天员开始，选拔的航天员在数量、种类、范围上都有所变化，不仅仅从空军飞行员中间进行选拔，还面向社会相关领域进行选拔，如相关工业部门、科研院所和高等院校等。除此之外，今后航天员在轨驻留时间会越来越长。另外，航天员的技术技能将会发生很大变化，从过去航天员在空间站舱内工作和实验，发展到在空间站舱外空间中进行工作。载人航天工程航天员系统副总设计师说，在空间站任务中，空间站舱段越多，运行时间越长，航天员每天除了把大量时间用于空间站内维护和管理之外，还必须参与空间站各种设备的组装、更换和建造工作。也就是说，在空间站工作任务中，航天员必须完成大量的空间科学实验、技术试验以及有效载荷操作，所涉及的学科专业众多，跨度极大，这对航天员的专业知识储备和科学素养都有极高的要求。"

萌萌听完小姨的一番话，不由得心想：原来建造空间站如此复杂，要求又那么高，要当一名合格的航天员真是不容易，而要当一名优秀全能的航天员，更是难上加难！

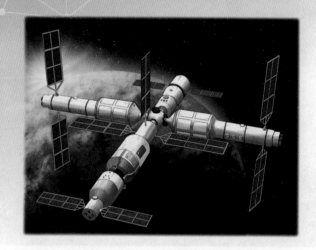

中国空间站

有一天，辉辉在电视新闻里看到一条消息：2020年5月5日，在中国文昌航天发射场，首次发射的长征五号B运载火箭，成功地将新一代载人飞船和柔性充气式货物返回舱送入太空轨道。5月8日，新一代载人飞船返回舱成功着陆返回，试验取得圆满成功。这是中国空间站在轨建造阶段第一次飞行任务圆满完成，国人期盼已久的空间站建造工程终于拉开大幕。

辉辉赶紧问妈妈："我国空间站建设规划究竟是什么呢？"

妈妈告诉辉辉："从20世纪90年代开始启动的我国载人航天工程，制定了'三步走'的战略规划。从发射载人飞船将航天员送入太空，再到航天员太空出舱和发射空间实验舱，如今已走到第三步，即'建造空间站，解决有较大规模的、长期有人照料的空间应用问题'。随着空间站工程的全面展开，我国已正式迈入了'空间站时代'。2022年发射'梦天'实验舱，在'天和'核心舱和'问天'实验舱的基础上，空间站外形由'一'字形变成'T'字形，它将运行在高度400千米至450千米的近地轨道上，支持开展大规模的空间科学实验、技术试验和空间应用等活动，而且，可以通过太空维修的方式

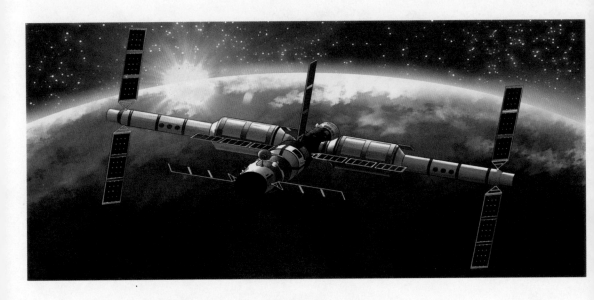

来进一步延长其使用寿命和扩展其规模。"

辉辉继续问妈妈："那么，空间站具体是怎样的呢？"

妈妈回答道："具体来说，由三个舱段组成的空间站整体呈'T'字状结构，如果把'神舟'飞船比作房子，天宫一号和天宫二号相当于一室一厅，空间站则像是三室两厅还附带一个储藏间。据中国载人航天工程总设计师介绍，空间站包括1个核心舱和2个实验舱，每个舱段都是20吨级，三舱组合体的质量约为66吨。空间站的整体布局是核心舱居中，实验舱Ⅰ和实验舱Ⅱ分别连接于两侧，其中，核心舱用来控制整个空间站组合体，两个实验舱分别用于生物、材料、微重力流体、基础物理等方面的科学实验。中国空间站之所以命名为颇具中国特色的'天宫''梦天''天和''问天'等是为了充分体现中国航天科学家团队的合作精神和智慧，彰显中华民族悠久灿烂的文化。"

辉辉又问道："'梦天''天和''问天'三个舱，它们的任务是什么啊？"

妈妈笑盈盈地说："'天和'是一个核心舱，它全长16.6米，最大直径4.2米，发射质量22.5吨，可支持3名航天员长期在轨驻留。它既是空间站的管理和控制中心，也是航天员生活的主要场所，还能支持开展少量的空间科学实验和技术试验。为了让航天员在太空中更加舒适地生活，核心舱在设计上有很大突破和创新，供航天员工作生活的空间多达50立方米。据中国航天科技集团五院空间站系统主任设计师介绍，核心舱又包括节点舱、生活控制舱和资源舱三部分，有3个对接口和2个停泊口。停泊口用于连接两个实验舱，与核心舱一起组装形成空间站组合体。而对接口用于载人飞船、货运飞船及其他飞行器访问空间站。其中，核心舱前端的两个对接口接纳载人飞船对接停靠，后端的一个对接口接纳货运飞船停靠补给。对接口可以支持其他飞行器短期停靠，并接纳新的舱段对接，扩展空间站规模。核心舱是空间站的主控舱段，主要对整个空间站的飞行姿态、动力性、载人环境进行控制。核心舱的大柱段直径4.2米，小柱段直径2.8米。大柱段部位主要是航天员工作和实验的地方，小柱段则是航天员的睡眠区和卫生区，保障航天员正常居住。"

妈妈继续说："'问天'是实验舱Ⅰ，其主要任务是开展舱内和舱外空间科学实验和技术试验，也是航天员的工作生活场所和应急避难场所。实验舱Ⅰ配备了航天员出舱活动专用的气闸舱，以支持航天

员出舱活动，同时还配置了小型机械臂，可进行舱外载荷自动安装操作。另外，实验舱Ⅰ有着核心舱部分关键平台功能，这意味着在需要的时候，它可以管理和控制空间站。'梦天'是实验舱Ⅱ，它除了具备和实验舱Ⅰ类似的功能外，还配置了货物专用气闸舱。在航天员和机械臂的辅助下，可以支持货物、载荷自动进出舱。"

辉辉又问妈妈："那么，科学家是如何将'梦天''天和''问天'三个空间舱发送到太空的呢？"

妈妈告诉辉辉："空间舱发送是一个十分复杂且庞大的系统工程，由长征五号B火箭承担将空间站舱段送入轨道的重要任务。除此之外，空间站工程还包括有天地往返运输系统和货物运输系统。其中，天地往返运输系统由'神舟'载人飞船和长征二号F运载火箭组成，用于航天员和部分物资往返空间站。'神舟'载人飞船可支持3名航天员实现天地往返，在空间站停靠期间也可以作为救生船，用于航天员应急救生或返回地面。空间站货物运输系统由'天舟'货运飞船和长征七号运载火箭组成，货运飞船主要是为空间站运送航天员的生活物资、空间站用的推进剂、载荷设备等补给物资。"

妈妈最后说："据悉，中国的空间站未来还有一个重要计划，在空间站建造完成后，会单独发射一个命名为'巡天'的十几吨的光学舱。它具备自主飞行能力，并与空间站保持共轨飞行状态，通过一套口径2米的'巡天'望远镜进行高分辨率的天文观测，提供海量观测数据，帮助科学家开展天体物理和空间天文学的研究。当需要燃料补给和设备维修时，它可与空间站对接，进行推进剂补加和设备的维修、维护，以提高自身寿命和工作性能。总之，中国空间站的设计、研制，秉持规模适度、安全可靠、技术先进、经济高效，以'1+1+1=1'理念构建三舱'T'字形的'组合体核心'，充分体现中国特色。根据空间科学研究和应用的需要，中国空间站还可以进一步扩展，为未来留有发展空间。也就是说，今后可以对接更多的舱段，也可以通过在轨维修、在轨技术升级等方式来满足各种各样的需求。"

　　辉辉听了妈妈的话后，感慨万千，中国航天科学家们真伟大！

中微子探索宇宙的奥秘

宇宙究竟是怎么诞生的？这是宇宙学最大的谜题，即"迷失的起点"，还有待于科学家进一步探索。

波波带着这个疑问问妈妈。妈妈告诉波波："目前解释宇宙起点或宇宙诞生的主流学说是'宇宙大爆炸理论'。证明宇宙大爆炸的最好证据是宇宙微波背景辐射，它是宇宙大爆炸遗留的痕迹。天文学家在广义相对论发表100多年，宇宙微波背景辐射发现50多年的今天，依然通过背景辐射来倾听'宇宙的回响'，发掘宇宙起源的'创世遗迹'。中国科学家另辟蹊径采用中微子探测技术来攻克这个天文学难题。"

波波迫不及待地问妈妈："那么，中国天文学家将会如何开展这项研究呢？"

妈妈告诉波波："近年来随着我国科技的发展，中国的科学家在不少领域做出了非凡的成绩，很多技术追平或领先世界。今天说到的中微子探测技术，是一个备受世界瞩目的技术。经过我国科学家们坚持不懈的努力，这项技术已经达到了世界领先水平。专家指出，开展中微子探测技术肯定离不开中微子探测器装置，这是观测中微子的实验设备。这个设备的建造规模庞大，而且还要建造在地下深处。这是因为，中微子参与相互作用较弱，设备建造得越大，它能接收到的中微子信号数量就越多；设备建造得越深，其屏蔽宇宙射线以及其他背景辐射的性能就越好。除此之外，中微子探测器需要高纯净度和最佳能量精度，需要配合超大数量的介质，以及设置光电倍增管技术。"

波波接着问妈妈："那么，中微子探测宇宙有什么优点呢？"

妈妈告诉波波："我国天文学家指出，采用中微子探测宇宙至少有以下三个优点：一是中微子具有很强的穿透性，可以直接穿透地球表面地形及建筑物，且其穿透过程中损耗小，这样我们就不需要通过复杂昂贵的卫星站或者微波站来传递信息。开发中微子通信，让它成为人类宇宙通信的新"设备"，将信息准确无误地传递到宇宙的任何地方；二是中微子质量微小，又非常稳定，且能够在星球内部自由穿行，所以人们通过中微子探测进行天体物理研究，利用中微子的特性扫描天体星球，了解天体星球的构造，探测天体内部的中微子变化，获取其内部的信息；三是目前人类还无法达到超光速，也无法飞出太阳系去探索更深的宇宙，因此'超光速'是人类梦寐以求的目标，而

在目前已知的宇宙物质中，人们所了解的最接近光速的物质就是中微子，而且中微子进入超纯水中的时候，它就会变成'超光速'。"

波波又问妈妈："那么，中国天文学家将会如何探究呢？"

妈妈告诉波波："2003年，大亚湾反应堆中微子实验方案应运而生，中微子实验厅有8个柱形探测器被置入纯水池中，以阻挡环境中的辐射，每个都包含20吨的液体闪烁体，周围则有上千个光电倍增管。这是一个以我国为主，7个国家和地区的40多个单位参与的重大国际项目，通过与国际一流研究机构高强度地交流与合作，展开中微子振荡研究。科学家们在实验过程中获得了重大科研成果，其中包括发现一种新的中微子振荡、精确测量反应堆中微子能谱等，它的测量精度将达到最好的0.01，其探测效率可达到99.5%。"

波波又问妈妈："那么，我国中微子探测宇宙有什么新进展吗？"

　　妈妈回答道："2015年开始建设的江门中微子实验大厅工程，探测器的安装已经进入了关键阶段。据有关负责人介绍，江门中微子实验装置的土建工程已经基本完成，探测器的建设已经完成了过半。这个中微子实验大厅的核心设备，就是一个具有高纯净度和国际最佳能量精度的中微子探测器。目前已经有18个国家、77个研究机构参加，总共有600多名科学家参与这个实验。据有关部门披露，这个中微子实验室里的中微子探测装置工作性能水平，已经是西方国家的20倍，它的投入运行将会为科学界作出重要贡献，同时也使我国的中微子探测技术和研究，冲上了世界领先的地位。"

　　波波听完妈妈的一番话，对宇宙起源探索和中国中微子探测宇宙有了一定的了解。在中微子探测宇宙的路上，中国科学家花费了大量的精力和时间去苦苦追寻，走上世界的顶峰，值得国人为他们欢呼、喝彩。

普通人如何才能进入太空

　　伟伟喜欢看科幻小说，对航天模型制作也很感兴趣，自从知道了杨利伟、聂海胜等航天员飞向太空的壮举后，伟伟便萌生了想上太空旅游的想法。伟伟问叔叔："今后，普通人是不是也能像航天员那样飞出地球、遨游太空呢？"

　　叔叔一听不由得称赞伟伟的勇气，并告诉伟伟："征服神秘梦幻的宇宙星空，曾是人类可望而不可即的梦想，然而，随着航天技术的飞速发展，遨游太空已不再是航天员的专属，普通人也有可能实现这个梦想。其实航天航空技术离人们并非遥不可及，相反，它与人们的生活息息相关，小到尿不湿、净水器、手机导航，大到医用核磁共振、CT机等，都与航天技术密切相关。许多商业公司都已开始大踏步进军航天航空领域，突破航空科技研究周期长、投入成本高等难点，为商业化运作打下了坚实的基础。所以，不要将航天航空技术想得那么神秘。至于普通人能否涉足太空，航天科技集团的专家也给出了明确的答案，普通人很快也能去太空中近距离体验浩瀚宇宙的奥妙，就像科幻电影中那样在太空中旅行。"

　　伟伟迫不及待地问叔叔："那么，普通人将如何飞入太空呢？"

　　叔叔笑了笑说："专家告诉人们，普通人可以通过轨道飞行、

亚轨道飞行、低空抛物线飞行和高空飞行等4种方式进入太空，但由于方式的不同，费用方面也有所差别。人们通过亚轨道飞行和轨道飞行，才算得上是真正意义上的太空飞行，也就是说，这两种方式是属于真正航天范畴的太空航行，当然，它们所需要的费用也是很高的，不是所有人都能承担得起的。"

伟伟接着问："那么，您说的4种进入太空的方式具体是什么？"

叔叔摸了摸伟伟的头，说："轨道飞行是指普通人随同航天员一起'蹭宇宙飞船'进入空间站，在距离地球几百千米的空间站上围绕地球做多圈飞行，普通人可以通过太空窗欣赏浩瀚宇宙，以实现太空飞行的梦想，而这样的一次太空旅程，它的费用是超乎你想象的。亚轨道飞行是指普通人乘坐飞行器从地面飞到100千米的高空，然后在高达100千米的太空中近距离欣赏五六分钟太空美景，最后花40分钟滑翔返回地面，总共历时一小时左右。这样一次太空旅行的费用虽然比上一种方式少一些，但也不便宜。当然，普通人还可选择费用更少的低空抛物线飞行或是高空飞行，虽然这并不是真正意义上的太空飞行，但低空抛物线飞行可以让你体验航天员在太空中失重的感觉，给你虚拟的太空飞行感受；而高空飞行可让普通人乘坐飞行器飞到接近太空的24千米处，向下可俯视地球地形曲线，向上可观看头顶漆黑的天空，感受类似于太空那种浩瀚的无际感。"

伟伟又问叔叔："那么，普通人只要付费就能上天飞行吗？"

叔叔哈哈大笑，说："大家都知道，太空环境非常特殊，未经过训练的普通人游太空是有一定危险性的。若你有机会去太空旅行，那么一定要经过必要的训练。首先，体检各项指标都要正常；其次，要进行为期3天的失重飞行等训练；再者，要详细阅读太空旅游指南，了解所乘坐的飞行器的性能特点及使用方法，并要听从航天员的指挥。"

伟伟又问叔叔："发展航天技术对国家是不是很重要？"

叔叔回答道："专家们认为，航天技术工程投入十分巨大，似乎

与老百姓的生活比较远。发展航天技术也不像种田、开矿那样简单，播下一粒种子来年就能看到收获，建好矿井就能开采矿石。但它的意义十分重大。实际上，许许多多与老百姓密切相关的领域，已经离不开航天技术的支撑，如智能手机、移动通信、卫视信号、太空食品、太空制药，甚至连婴儿用的尿不湿等，都和航天技术有着千丝万缕的联系。据统计资料显示，我国航天技术工程的投入产出比已经达到1∶5左右，也就是说，航天技术每投入1元钱，就能产生5元钱的经济效益。这带动了更多相关产业的发展，为发展国民经济、改善民生和科技创新作出了巨大贡献，也为老百姓带来了更多的福祉。"

伟伟听完叔叔的话，异常兴奋，心想：原来航天技术与人们的关系如此密切，今后我一定要好好学习科学技术知识，将来长大后，也为祖国航天航空技术的进步出一份力！

中国十三号
卫星顺利升空

　　有一天，强强在新闻中看到一条消息：2022年1月17日10时35分，我国在太原卫星发射中心用长征二号丁运载火箭，成功将试验十三号卫星发射升空。

　　强强在兴奋之余，急忙去学校向老师求教："我国成功地将试验十三号卫星发射升空有啥重大意义啊？"

　　老师一听乐呵呵地说："用于开展空间环境探测及相关科学试验的十三号卫星顺利进入预定轨道，表明长征二号丁运载火箭实现了高密度发射和'去任务化'设计思路，在新年开创了中国航天科技的新纪元。与此同时，它也为西安航天科技集团第六研究院战胜疫情，全面开启液体动力支撑航天强国建设新征程增添了必胜信念。2021年，疫情给这次十三号卫星的发射任务带来了特殊考验。试验团队由于封控的原因，无法奔赴发射场工作，这使得团队执行发射任务面临巨大挑战。航天科技集团第六研究院一手抓疫情防控，一手抓航天发射，他们想方设法克服种种困难，切实做到'任务不缺岗、抗疫不缺位'，在人员减少、流程缩减等不利条件下，全力防止可能带来的技术风险，坚决做到标准不降低、风险不放过、计划不改变，力保按时发射、安全发射、成功发射，彰显了中国航天人战无不胜的英

勇气概。"

强强迫不及待地问:"那么,中国航天人是如何说到做到的呢?"

老师回答道:"一方面,有关部门发出号令调兵遣将,从其他发射基地调派试验人员。他们临危受命,在最短时间内紧急组成了突击发射队。另一方面,科学合理地精简试验人员人数,比如只有一个技术人员承担发动机靶场的使用和维护工作。由于熟悉日常工作项目和内容,他可以合理安排发射场工作进度和工序。不仅把每天的工作时间安排得满满的,而且执行任务的时间节点都可以细化到每一分钟。通过表格化管理,可将发射场的工作逐项列出,以便提前准备,并完成当日现场的操作任务。返回协作楼之后,他会及时将现场测量记录数据输入质量确认系统,并提交测量数据判读结果,以确保现场工作

的质量。"

强强又问老师："在实际实施中，航天科技人员还克服了哪些困难？"

老师说："航天发射任务就像接力赛跑一样，发动机参与单元测试、综合测试，甚至参与安装火工品、电爆管检查、电性能测试、火药装药检查，每一个细微操作都不能有任何闪失，必须做到稳妥可靠、万无一失。当时正值寒冬腊月，晋北高原寒风凛冽，试验队员站在火箭发射塔架上，身处零下37摄氏度的低温环境中，可想而知这是多么严酷的考验。试验团队针对如此低温的发射环境，主动进行极低温条件下发动机功能性能测试，摸索在严酷环境条件下，温度上升速率以及下降速率，探索实际发射条件下，发动机工作时能够适应的温度范围，并进一步细化每项工作，以确保发射过程中发动机工作正常和人员安全。"

强强接着问老师："那么，十三号卫星发射为什么要由长征二号丁运载火箭来完成呢？"

老师告诉强强："这是因为航天任务是一个庞大的系统工程，要做到环环相扣、紧密连接、丝毫不差，而作为为卫星发射提供动力的'坐骑'，更应该保证发动机的性能安全可靠。也就是说，不仅要把所有环节和影响因素都考虑周全、分析到位，而且还要有预见性，凡是在地面该想到的和该做的工作都必须提前完成。据有关部门介绍，执行这次十三号卫星发射任务的长征二号丁运载火箭是由中国航天科技集团有限公司第八研究院牵头研制的常温液体推进剂两级运载火箭，它拥有优良的先进性、可靠性和安全性，能提供多星异轨组网部署发射。"

强强听了老师的一番介绍之后，倍受鼓舞。中国航天科学家们为设计"长征"系列运载火箭可谓呕心沥血，自始至终秉承"精心设计、精心制造、精心发射"的理念。截至2023年2月24日，"长征"系列运载火箭已成功发射464次，为中国航天的发展提供了强有力的支撑。

中国天眼寻找
太空无线电波

　　有一天，敏敏在网络上看到一条新闻：2019年1月11日，某天文学家侦测到来自外太空星球的不明电波，但至今仍没有搞清楚电波的源头及其性质。不过，可以确定的是，这个神秘的电波信号是15亿光年外星系所发出的，至于是不是外星人所为，还需要进一步分析和研究。敏敏看罢，不由得心想：这个重大发现是不是对人类寻找外星人有用呢？

　　敏敏带着这个疑问去找爸爸，想知道自己的猜想到底对不对。爸爸听了告诉敏敏："你的想法是有一定道理的。据报道，侦测到的13个'快速电波爆发'的信号，均来自距离地球15亿光年以外的同一源头，这是有记录以来第二次收到同类型的'快速电波爆发'信号。天体物理学家指出：人们相信这并不是个别事件，在太空或许会有更多同类型的电波信号，如果能够接收更多这样的电波信号，人们将有更多的资料对此进行研究，以便解开是否存在外星生命的太空之谜。"

　　敏敏迫不及待地问爸爸："那么，天文学家们发现的两次'快速电波爆发'信号，有什么异同呢？"

　　爸爸笑盈盈地回答道："天文学家告诉人们，两者的电波信号非常相似。'快速电波爆发'信号是一种短暂而明亮的电波，天文学家

认为这个电波信号来自宇宙的某处。在地球上空，每天可能会有上千次'快速电波爆发'现象。在分析其发生原因时，不同的天文学家有不同的理论解释。有的认为是两颗中子星合并在一起时产生的，有的认为是一颗中子星在强烈磁场中快速旋转的结果，也有少数天文学家认为是外星飞船发射的。"

敏敏接着问爸爸："如此说来，天文学家想要破解这个谜团是不是还有很长的路要走呢？"

爸爸说："的确如此。据报道，加拿大天文学家发现了来自银河系以外的神秘无线电波，不过，这些强大的电波来自宇宙的哪个角落以及是如何产生的仍然不得而知。报道称，这一重复快速射电暴是在一个望远镜试验中发现的，而这个专门设计制造的望远镜当时只运行了设计能力的一小部分。快速射电暴的闪光只是一瞬间，却能释放出太阳在一万年里发出的能量。"

爸爸歇了歇，继续说："天文学家说，自2007年以来，已经有60多次快速射电暴被记录下来，但只有2012年的是天文台观测到的重复快速射电暴。快速射电暴似乎更容易在宿主星系的密集区、动荡区域产生。由恒星湍流气体云引发的宇宙震荡或超新星的恒星爆炸事件，都可能是快速射电暴的孵化器，但连续的射电暴则是一个特例。迄今为止，已发现的大多数快速射电暴的波长都只有几厘米，但有一次发现的射电暴波长却将近1米，这就为天文学家寻找宇宙中其他智慧生命开辟了新的研究方向。特别令人惊喜的是，我国科学家在贵州的'天眼'（世界最大的天文射电望远镜）接收的成千上万条无线电波信号中，发现了两组不同寻常的疑似外星文明发来的特殊电磁波信号，并记录到一次短伽马射线的极高能爆炸，基本上锁定了这次快速射电暴的起源，为进一步深入寻找地外生命提供了有利条件。"

敏敏听后无比兴奋、激动，心想：科学家们寻找外星生命和外星文明真是不容易，我国的"天眼"真是帮了大忙。

中国寻找地外生命计划

有一天，杰杰看到一本有关外星人的科幻小说，不由得浮想联翩：除了地球上有人类生命之外，难道在广袤的宇宙里还有外星生命存在？于是，杰杰向舅舅询问、求教。舅舅听后对杰杰说："地球在太阳系中是独一无二的，在人们可以观测到的无数天体中，只有地球孕育了生命，这得益于地球恰到好处地位于太阳系的宜居带之内，而且还有良好的外部环境，表层带有浓厚大气层等独特的生命生长环境。在地球诞生后的几十亿年内，它发生过不计其数的偶然事件，这才使得这颗蓝色星球变成人类得天独厚的天然居所。科学家告诉我们，人类生命诞生的难度是难以想象的。"

杰杰心有不甘地追问："那么，科幻小说里提到的外星人在现实中到底存不存在呢？"

舅舅回答道："事实上，随着科技的发展，研究人员发现，恒星太阳的寿命也是有限的。如果太阳不再发光发热，地球上的生命也就无法生存。为此，世界各国科学家一直在努力探索宇宙，他们还共同发起了'地外文明探索计划'。一旦找到地外生命，也就等于找到了可供人类栖息的星球。因为受限于科技水平，虽然人类可以通过天文望远镜等工具观测到遥远的天体，但是人类还只能在太阳系中搜寻。

科学家发现，火星是太阳系中与地球有最多共同点的星球，也就是说，火星是最有可能诞生过生命的星球。尽管到目前为止还没有在火星上发现相关的生命痕迹，但是科学家搜寻外星生命的努力始终没有停止。"

舅舅喝了一口茶水，继续说："科学家寻找外星人并非一帆风顺。例如最不为人们看好的冥王星，在美国新地平线号探测器拍的一张照片上，研究人员居然发现了黑色物体，其形状类似于地球上的'蜗牛'。更令人难以置信的是，这个物体居然还会移动。许多人都怀疑这就是人类一直在寻找的地外生命。严谨的科学家们对此现象进行了深入的研究、分析。首先，照片是由探测器在极远距离拍摄的，根据比例尺来看，这个'蜗牛'达到了几千米的长度，所以它不可能是地外生命；其次，冥王星的地壳大多是固态氮，而这个物体实际上是漂浮在冰面上的固态氮冰山，照片中疑似移动路径的线条是其滑动

留下的痕迹，这个结果让不少外星人爱好者大失所望。航天员从月球上带回的月球岩石和土壤样品，对人类研究月球起源和内部结构起到了重要的作用。有的天文爱好者注意到，月球录像中出现了神秘圆盘状物体和躲在火星岩石后的人形物体，认为它们可能和外星文明有所关联。"

　　舅舅继续说："由于这些探索项目无法带来足够的投资回报，美国国家航空航天局及其他航天机构很难有动力开展。对私人资助者来说，'搜寻地外文明计划'是一个高风险、高回报的事业，如果该计划无法提供地外文明的直接证据，那么，其研究价值也就比不上其他项目。这也是美国国家航空航天局或其他航天机构很难为这类项目提供资助的原因。美国天文学家认为，如果人类决定寻找外星生命，那么就应该尽可能多地从不同方向吸收资金。因为科研费用越多，人们就越努力，获得好的结果的机会就越多。不同领域研究方法的创新，也能大大增加发现地外生命的机会。"

舅舅想了想，接着说："我国'天眼'将增加一个信号发射模块，届时将择机向外太空银河系中心区域发送一个被称为'银河灯塔'的信息，其中包括质数和数学运算符、生命生物化学机理、人类形态、地球位置和当前时间等，等待外星人的回复。"

杰杰听罢，心想：原来探寻外星人要牵涉那么多的因素，既有技术方面的又有资金方面的，可谓困难重重。他盼望我国"天眼"能够带来好消息，早一天揭开地外生命的谜底。

火星上发现首个液态水湖

　　暑假的一天，平平打开电脑上网搜寻有关外星人的信息，其中一条信息吸引了平平的眼球，那就是科学家发现了火星上存在一个液态水湖。平平不由联想到，水是生命存在的必备条件之一，是不是由此可以到火星上寻找地外生命呢？

　　于是，平平怀着激动的心情去找舅舅询问。舅舅听完平平的叙述之后，告诉平平："人类自探索宇宙以来，一直在寻找地外生命，可是至今人们仍然没有在宇宙中发现外星生命存在的痕迹。然而，科学家始终坚信，宇宙中除了地球之外，在其他星球中肯定有外星生命存在。根据地球生命起源的历程，科学家把水看成生命诞生的一个重要条件，因此，在太阳系发现有水的星球，科学家都非常重视。目前，科学家已在太阳系内发现不少星球上存在冰冻水，但是这些星球离太阳太远了，而且温度极低，即使有冰冻水，存在生命的可能性也不大。而地球的姐妹星金星，它的环境太恶劣了，地表温度高达400多摄氏度，没有水存在的可能。科学家把重点放在宜居带内的行星上，最后，科学家就把希望放在了火星上。"

　　平平迫不及待地问舅舅："这么说，火星上有液态水？"

　　舅舅神秘地眨眨眼睛说："实际上，火星和地球有很多相似的

地方，而且火星离地球也不远，科学家把一些探测器发射到火星上进行探索。经过几十年对火星的探索，人们对火星的认识越来越深入，也在火星上发现了不少水存在的证据，但至今人们还没有真正在火星上发现液态水。前一段时间，火星上暴发了百年难遇的大风暴，这场风暴持续了一个多月，就连登陆火星的探测器都被迫停止了工作。然而，大风暴过去之后，人们在火星上有了重大发现。据国外媒体报道，在利用卫星观察火星南极的尘土和冰层时，科学家们发现了一条咸水带，这是一个大型且稳定的水域，类似于地球南极冰盖下面的湖泊。当这个消息向全世界公布的时候，天文学界沸腾了，这说明人类首次确认火星上是有液态水存在的，这也更加让科学家坚信曾经的判断：火星地表冰盖之下可能有大量的水，它类似于地球上存在的水，火星上可能有生命的存在。"

平平接着问舅舅："那么，在火星上发现液态水对人类意味着什么呢？"

舅舅乐呵呵地告诉平平："火星上液态水的发现对人类来说意义非凡。随着科技的快速发展，地球的环境也在不断地恶化，再加上全球人口的不断增加，未来人类必然会面临着移民地外星球的选择。虽然宇宙中像地球这样的行星可能有不少，但是它们离地球实在是太远

了，要移民到这些地方，以人类现有的科技水平是无法做到的。人类还需要很长时间才有可能到遥远的新'地球'上居住、生活，然而，以目前地球的变化速度，人类可能等不了那么久。那么，人类只能在太阳系内寻找新的移民星球，所以，火星是目前最实际、最适合人类移民的地外星球。你说意义大不大？"

平平又问舅舅："那么，今后人类是不是就能到火星上居住、生活了？"

舅舅笑了笑回答："科学家指出，火星也不是直接可以让人类居住的，它需要进行一系列改造才行。一个重要的因素是，人类的生活离不开水，所以对水源的改造太重要了。如果有了大量的水，将火星改造成新地球也不是没有可能的，但是如果没有水，即使人类移民火星，面临的困难也非常多。所以，在火星上发现液态水，足以让科学家兴奋不已。如果下一步顺着发现液态水的方向继续探索，或许会发现像地球那样的大量液态水资源。有了足够的水源存在，人类在火星上居住、生活的可能性也就非常大。科学家指出，火星或许并不是一颗死寂的星球，看似火星地表上没有生命，但在火星地表之下或许会有丰富的生命系统。2021年，我国'祝融号'火星车在火星乌托邦平原南部着陆，开展火星全球遥感探测，获取火星的地质结构、表面物质成分、土壤类型分布等科学数据。目前，世界上仅有中国、美国和俄罗斯向火星发送了探测器，它们的主要工作就是探索火星地表之下的秘密。一旦发现火星地下存在大量液态水，甚至和地球的水源一样丰富，那么，人类移民火星的梦想或许用不了多久就会实现，同时对火星的改造也会方便很多。"

平平不由得感慨万千：随着对火星的进一步探索，人类总有一天将会彻底揭开火星的秘密，为人类迁移到火星居住、生活创造条件。期待这一天早日到来！

火星探测器的难题

　　天问一号火星探测器离开地球之后，距离就越来越远了，那么，这会不会影响科学家通过无线电信号对它进行遥控呢？洁洁看完有关天问一号的新闻报道后产生了这样的疑问，于是她去询问妈妈。

　　妈妈听了之后，和蔼可亲地告诉洁洁："当然不会啦！天问一号作为中国首个自主研发的火星探测器，由文昌航天发射场发射的长征五号遥四运载火箭送入预定轨道。2021年5月，它择机实施降轨，着陆巡视器与环绕器分离，软着陆火星表面乌托邦平原南部。据悉，天问一号在飞行中各项状态良好，科学家不仅能在地球上利用无线电信号对它进行遥控，而且它能通过无线电波陆续向地球传送各种信息和照片。"

　　洁洁追问妈妈："那么，科学家用无线电信号遥控火星探测器会不会遇到什么麻烦呢？"

　　妈妈回答道："现在，太空中的火星探测飞行器数量不少。科学家指出，虽然说探测器越多，人类对火星的了解也会越深入，但是它们也会带来一个棘手的问题，那就是探测器越多，太空中的无线电干扰就会越复杂。这就好比人们使用无线电电话，如果手机在信号较差、较弱的环境里，旁边还有一堆使用手机的人，那最后的结果只能

是一个：通话质量不佳。除此之外，还会发生特殊的意外情况。2021年9月的一天，寄予人们厚望的天问一号莫名失联了，而且不仅仅是天问一号，还有其他国家的火星探测器也集体失联，并且失联时间长达一个月，直到10月中旬才恢复与地面的无线电通信联络。"

洁洁连忙问妈妈："那么，在这一个月内，天问一号究竟经历了什么？"

妈妈回答道："对此，天问一号总设计师说出了导致天问一号失联的幕后真凶，这便是日凌现象。因为日凌直接影响到了地球与火星两者间的无线通信，导致太空中所有的火星探测器都遭遇到了通信中断的情况。总设计师表示，这个现象是在所难免的，并且往往要持续一段时间，直到日凌现象结束，方可恢复正常的无线电通信联络。所谓日凌现象，是指太阳发射出的强大电磁辐射。它是宇宙中的一个自然现象。每年春分、秋分时节前后，太阳穿过赤道时，太阳便位于地球赤道的上空，而火星探测器则大多是固定在赤道上空保持运转，此时通信卫星、太阳、地面卫星恰恰在一条直线上，强烈的太阳辐射对卫星造成了干扰，切断了所有信号，所以天问一号就失联了。"

洁洁迫不及待地问妈妈："那么，科学家有没有解决的办法呢？"

妈妈笑盈盈地告诉洁洁："实际上，从地球到火星，从火星到地球，来回传送无线电数据，本来就不是一件简单的事情。火星到地球的距离约有5600万千米，这么远的距离传输信号不仅耗时长，而且信号还会有损耗。专家指出，火星探测器通信经常使用的是X波段无线通信系统，如果采用超高频无线传输系统，也许情况会好得多。超高频无线传输系统一次传输的信息是X波段无线通信系统的10倍以上。可以将X波段无线通信系统和超高频无线传输系统交替使用，以确保火星探测器与地球之间的无线电通信畅通无阻。"

洁洁又问妈妈："那么，火星探测器之间会不会互相影响呢？"

妈妈回答道："随着火星上探测器越来越多，被'同行'干扰的情况在所难免。为了解决这个问题，科学家指出，首先是内部要和谐，也就是说需要构建一个火星中继网络，让它们彼此相互配合，并且实现一定程度上的自动化。当然，研究人员认为，随着火星探测器越来越多，这个网络今后也会变得更加复杂。实际上，在火星探测器之间相互干扰的同时，航空电子器件本身产生的电磁波也会对传输数据造成干扰。例如，在使用一些特定仪器时，必须把超高频无线通信系统关闭，以消除航空电子器件本身产生的电磁波，避免火星探测器之间相互干扰。科学家还指出，目前还没有找到非常好的解决办法，也许随着今后的技术进步，航天界会更加关注这方面的问题。天问一号总设计师认为，下一步应该尽快让抗电磁干扰专家加入进来，以共同应对因航空电子器件本身产生的电磁波对传输数据造成干扰的难题。"

　　洁洁听完妈妈的介绍，不仅了解了火星的奥秘，而且深刻地理解了制造火星探测器是一件十分艰难的事。我国科学家勇敢地攻克一个又一个探测火星的难题，是我们学习的榜样！